Sonja Ulrike Klug

Konzepte ausarbeiten – schnell und effektiv

Tools für Pläne, Berichte und Präsentationen

BusinessVillage
Update your Knowledge!

Sonja Ulrike Klug

Konzepte ausarbeiten –
schnell und effektiv
Tools für Pläne, Berichte und Präsentationen
Göttingen: BusinessVillage, 2004
ISBN: 3-934424-76-7

Bezugs- und Verlagsanschrift

BusinessVillage GmbH
Bahnhofsallee 1b
37081 Göttingen

Tel.: +49 (0)551 2099 100
Fax: +49 (0)551 2099 105
eMail: info@businessvillage.de
Web: www.businessvillage.de

Layout und Satz

BusinessVillage GmbH

Covergestaltung

Bauhaus für Kommunikation, Göttingen

Korrektorat

Annemike Meyer

Bestellnummern

PDF-eBook Bestellnr. EB-590, 14,80 €
Druckausgabe Bestellnr. PB-590, 21,80 €
ISBN: 3-934424-76-7

BusinessVillage
Update your Knowledge!

Über die Autorin

Dr. phil. Sonja Ulrike Klug ist seit 14 Jahren selbständig als Buchservice-Dienstleisterin für mittelständische Unternehmen, Berater und Trainer. Sie bietet zusammen mit Agentur-Partnern einen Fullservice für die Realisierung von Buchprojekten mit folgenden Kernleistungen: Entwicklung von Buchkonzepten, Ghostwriting/Lektorat, Verlagskontakte, Presse- und Öffentlichkeitsarbeit für Buch und Autor.

Dr. Klug gilt als „die profilierteste Expertin auf dem Markt für Unternehmensbücher“ (Strategie-Brief 1999). Sie hat etwa 130 Buchprojekte diverser Unternehmen und Wirtschaftsautoren betreut und abgewickelt, darunter mehrere Bestseller. Außerdem ist sie als freie Lektorin und Gutachterin für verschiedene Verlage tätig.

Die Autorin ist Mitglied der Beratergruppe Strategie e.V., einer unabhängigen Vereinigung von Unternehmensberatern, sowie Vorstandsmitglied des Strategie Forums e.V., einer Vereinigung von Mittelständlern, die auf der Basis der von Wolfgang Mewes entwickelten EKS (= Engpass-Konzentrierten Strategie) arbeiten.

Neben ihrer Mitarbeit an Buchprojekten vieler Unternehmen ist Dr. Klug selbst Autorin von über 60 Fachbeiträgen und 15 Büchern, darunter mehreren Longsellern.

Bücher – Eine Auswahl:

Sonja Ulrike Klug: Ein Buch ist ein Buch ist ein Buch … Der erfolgreiche Weg zum eigenen Sachbuch. Zürich: Orell Füssli, 2002.

Sonja Ulrike Klug / Dorothee Köhler: Internet für Existenzgründer. So nutzen Sie das Netz auf dem Weg in die Selbstständigkeit. Frankfurt: Campus, 2001.

Sonja Ulrike Klug / Dorothee Köhler / Lutz Hoffmann u. a.: Gabler / MLP Berufs- und Karriere-Planer Wirtschaft 2004 / 2005. Wiesbaden: Gabler, 7. Aufl. 2004.

Sonja Ulrike Klug / Dorothee Köhler: Stellenmarkt Internet. Per Mausklick zum neuen Job. Frankfurt: Campus, 2000.

Kontaktdaten der Autorin:

Dr. Sonja Ulrike Klug
The Expert in Publishing Books®
Menzenberger Str. 22
53604 Bad Honnef
Telefon: +49 (22 24) 90 20 82
Fax: +49 (22 24) 90 20 83
eMail: info@buchbetreuung-klug.com
Web: www.buchbetreuung-klug.com

Einführung

In vielen Berufen gehört das Ausarbeiten von Konzepten zur täglichen Routine. Der Ablauf ist dabei häufig sehr ähnlich: Ein Projekt-Verantwortlicher muss bestimmte Informationen zusammentragen und im Hinblick auf ein vorgegebenes Ziel das Wesentliche herausfiltern. Die komprimierte Darstellung der Ergebnisse soll dann einer breiteren unternehmensinternen oder -externen Öffentlichkeit in Form des Konzeptes bekannt gemacht werden, um nachfolgende Arbeitsschritte einzuleiten.

Dabei kann es sich um Konzepte der unterschiedlichsten Art handeln, zum Beispiel:

- Berichte über Stand und Ablauf von Projekten
- Entscheidungsvorlagen für Auftragsvergaben, Investitions- oder Innovationsvorhaben oder Kostensenkungsprogramme
- Gutachten
- Kostenvoranschläge inklusive Präzisierung des Angebotes sowie Preisfindung und -begründung
- Vorschläge für eine Problemlösung
- schriftliche Stellungnahmen zu einem Sachverhalt oder einem Problem
- Ziele, Strategien und Visionen für die Unternehmenszukunft
- organisatorische Planungen
- Entwicklungen von Werbekampagnen und Marketingkonzepten
- Vorträge und Präsentationen
- Pressetexte und Fachartikel
- wissenschaftliche Arbeiten
- und sogar ganze Bücher.

Den meisten Konzepten gemeinsam ist, dass sie schriftlich ausgearbeitet werden müssen, wobei ihre Länge zwischen einer Seite und 200 Seiten oder mehr schwanken kann.

Aber auch dann, wenn Sie beispielsweise einen Vortrag oder eine Präsentation erarbeiten müssen, der oder die nicht auf dem Papier vorzuliegen braucht, ist es empfehlenswert, das Konzept schriftlich auszuformulieren. Denn erst durch die schriftliche Fixierung werden Ihnen Zusammenhänge klar und fallen Ihnen Widersprüche auf, die Ihnen bei einem nur mündlichen Vortrag entgehen würden. Schriftlichkeit bringt Klarheit in Ihre Gedanken.

Erarbeiten Sie Konzepte immer schriftlich – auch dann, wenn Sie sie nur mündlich vorzutragen brauchen.

Für alle Arten von Konzepten – unabhängig von deren Inhalt und Umfang – finden Sie in diesem Ratgeber einen „Werkzeugkasten“, eine arbeitsmethodische Anleitung, wie Sie von den ersten Schritten der Informationssammlung bis zur perfekten Ausformulierung und Präsentation vorgehen. Sie bekommen außerdem:

- **Tipps**, wie Sie trotz Zeitknappheit immer den Blick auf das jeweils Wesentliche gerichtet halten,
- **Shortcuts**, mit denen Sie auch undurchsichtige Informationsstrukturen grafisch übersichtlich anordnen und anschließend eindeutig bewerten können,
- **Checklisten**, um sicherzustellen, dass Sie alle Arbeitsschritte bedacht haben.

Durch methodisches Vorgehen können Sie selbst unter Zeitdruck Informationen in großer Menge mühelos geistig verarbeiten und Ihre Resultate „druckreif“ formulieren, ohne dabei unsystematisch und sprunghaft zu werden oder in Hektik zu verfallen.

Die vorgestellten methodischen Werkzeuge sind auf unterschiedliche Situationen und Aufgabenstellungen anwendbar. Es handelt sich teilweise um Kreativitäts- und teilweise um analytische Methoden. Dabei werden sowohl relativ bekannte Werkzeuge wie Mindmapping und die Portfoliomatrix als auch unbekannte, neuere Werkzeuge wie Vistem, das Pyramiden-Prinzip und der Papiercomputer vorgestellt.

Allen hier vorgestellten Methoden gemeinsam ist, dass Sie sie *alleine für sich* anwenden können (aber nicht müssen), ohne dafür weitere Mitstreiter zu benötigen, wie es bei vielen Kreativitätsmethoden für Gruppen der Fall ist. Denn ich gehe davon aus, dass die Ausarbeitung von Konzepten ein überwiegend „einsames Geschäft" ist, das auch im Zeitalter wachsender Teamarbeit meist immer noch von einer Einzelperson bewältigt werden muss.

Auf den Punkt gebracht

Dieser Ratgeber führt Sie zügig durch alle Schritte der Ausarbeitung von Konzepten, indem er Ihnen einen kompletten „geistigen Werkzeugkasten" zur Verfügung stellt:

- Zunächst gilt es, Ihr zentrales Problem herauszuarbeiten. Meist verbirgt es sich hinter einigen Scheinproblemen, die aufgrund von Zeitdruck entstanden sind.
- Der erste und wichtigste Schritt ist die Zusammenstellung aller relevanten Informationen. Sie erfahren, welche Informationsquellen Sie ausschöpfen sollten, um weitestmöglich Vollständigkeit zu erreichen, und wie Sie die Informationen anschließend in eine materielle, physisch handhabbare Ordnung bringen.
- Als Nächstes müssen Sie Ihre Informationen geistig ordnen. Dazu gehört, dass Sie durch rationelles zügiges Lesen einen Überblick über das Ganze bekommen und eine erste schriftliche Übersicht anfertigen.
- Die wahre Kunst des Konzeptes liegt in der schlüssigen Interpretation all Ihrer Informationen: in der Herstellung der richtigen Bezüge, im Erkennen der Vernetzungen, im Treffen nachvollziehbarer Entscheidungen und im Aufstellen begründeter Hypothesen. Eine ganze Reihe methodischer Werkzeuge steht Ihnen für unterschiedliche Aufgabenstellungen und Interpretationsansätze zur Verfügung.
- Bevor Sie mit der Ausformulierung beginnen, sollten Sie sich auf die Perspektive Ihrer späteren Leser einstellen, um in Ihrem Text ein Maximum an Verständlichkeit zu erreichen. Die Erstellung einer Gliederung und eines Inhaltsverzeichnisses bereiten die schriftliche Ausformulierung des Konzeptes vor. Falls Sie ungerne „schreiben", helfen Ihnen spezielle Methoden dabei, Ihre sprachliche Produktion ins Fließen zu bringen.
- Zuletzt lernen Sie einige Tricks und Kniffe kennen, um Ihrem Konzept die nötige Klarheit zu verschaffen und beim Leser die erwünschte Wirkung zu erzielen.

1. Achtung Zeitdruck!

Die beiden größten Zeitfallen beim Ausarbeiten eines Konzeptes bestehen darin, entweder *zu viel* oder *zu wenig* Zeit auf die einzelnen Arbeitsschritte der Informationssammlung, -ordnung, -interpretation und der Konzeptformulierung zu verwenden. Wer der Konzipierung zu viel Zeit einräumt, gerät in die Perfektionismus-Falle, wer zu wenig Zeit aufwendet, arbeitet „schlampig". Beides ist gleichermaßen unproduktiv und gefährdet letztlich das Zustandekommen eines verwendbaren Resultats.

Der Perfektionist

- strebt absolute Vollständigkeit bei der Sammlung aller relevanten Informationen an, obwohl deren Menge insbesondere heute in Anbetracht der allgegenwärtigen Informationsüberflutung nahezu unendlich ist und die Arbeit damit niemals fertig würde,
- verwendet zu viel Zeit auf das Lesen und Durcharbeiten jeder einzelnen Info,
- ordnet alle Informationen mehrmals wieder neu, ohne sich zu einer endgültigen Ordnung durchringen zu können,
- vertrödelt unnötig viel Zeit mit dem letzten Feinschliff in der sprachlichen Formulierung des Konzeptes oder schreibt mehrmals alles komplett neu.

Die **Gefahren des Perfektionismus** liegen darin, sich in Nebensächlichkeiten zu verzetteln, Wesentliches zu übersehen oder es im Unwesentlichen untergehen zu lassen – und nicht zuletzt auch im Zeitmangel: Das Konzept wird nicht rechtzeitig fertig und wenn doch, dann ist es nicht optimal.

Auf den Punkt gebracht

Beachten Sie das *Pareto-Prinzip*, das auch als 80:20-Regel bekannt ist: 20 Prozent Arbeitsaufwand erbringen bereits 80 Prozent des Erfolges. Umgekehrt bringen 80 Prozent der aufgewendeten Zeit – eben der Teil, der auf die Perfektionierung verwendet wird – nur 20 Prozent des Erfolges. Konzentrieren Sie sich daher auf diejenigen 20 Prozent, mit denen Sie den größten Teil der Arbeit erledigen können, und minimieren Sie denjenigen Anteil, der Ihre Arbeit zwar perfektioniert, aber das Endresultat nicht mehr wesentlich verbessert.

In den folgenden Kapiteln lernen Sie Methoden und Werkzeuge kennen, mit denen Sie sich zeitsparend auf die erfolgsentscheidenden 20 Prozent Arbeitsaufwand konzentrieren können.

Die Kehrseite des Perfektionismus ist die Schlamperei – sei es nun, dass diese aufgrund von Aufschieberitis, echtem Zeitmangel oder schlicht aus Kapitulation vor dem immensen, geradezu unüberschaubar großen Arbeitsaufwand eintritt.

Wer schlampig arbeitet,

- beginnt zu spät mit den einzelnen Aufgaben,
- sammelt nur oberflächlich Informationen,
- liest die Informationen nur teilweise und nicht gründlich genug durch,
- trifft eine beliebige anstatt einer begründeten Auswahl aus seinen Informationen,
- hat Schwierigkeiten bei der Gewichtung der unterschiedlichen Fakten und interpretiert falsch oder oberflächlich,

- formuliert hastig sein Konzept aus, sodass es für den Leser teilweise nicht nachvollziehbar oder voller Fehler ist.

Die **Gefahren der Schlamperei** liegen in einem unvollständigen, schlimmstenfalls unbrauchbaren Konzept, das eine diffuse oder widersprüchliche Sachlage offenbart und zu Fehlentscheidungen führt, zeitaufwändige Nachbesserungen erfordert oder bei der Zielgruppe nicht die gewünschte Akzeptanz findet.

Auf den Punkt gebracht

Jede Arbeit beansprucht (fast) genauso viel Zeit, wie Sie dafür im Voraus einplanen! Befreien Sie sich innerlich von unnötiger Hast, indem Sie sich einen realistischen Termin für die Fertigstellung Ihres Konzeptes setzen. Ein Trick, der Ihnen den inneren Druck nimmt: Anstatt zu denken „Bis Dienstag, den 31. März ist mein Konzept fertig“ drehen Sie den Spieß einfach um: „Wenn mein Konzept fertig ist, haben wir Dienstag, den 31. März.“ Das klingt sehr viel optimistischer und gelassener und ist auch dann noch glaubhaft, wenn der eine oder andere Arbeitsschritt einmal länger als geplant dauern sollte.

Gutes Selbstmanagement bewahrt vor den beiden großen Zeitfallen Perfektionismus und Schlamperei. Planen Sie die Arbeit an Ihrem Konzept in Ihren Tages- und Wochenablauf mit ein und reservieren Sie sich feste Zeiten. Kalkulieren Sie deutlich mehr Zeit für die Vorbereitung ein – also für Informationssammlung, -strukturierung und -interpretation – als für das Ausformulieren Ihres Konzeptes, also die Durchführung.

Je mehr Zeit Sie für die Planung und Vorbereitung Ihres Konzeptes verwenden, desto weniger Zeit benötigen Sie für die Formulierung des Textes.

Das Verhältnis zwischen Vorbereitung und Durchführung sollte etwa 70:30 oder 80:20 betragen. Warum? Meist wird der Aufwand der Informationsbeschaffung und -ordnung erheblich unter-, der Aufwand für das Formulieren aber erheblich überschätzt. Man glaubt, bereits alles Wesentliche zu wissen und beginnt, das Konzept zu schreiben. Währenddessen stellt man plötzlich fest, dass noch wichtige Fakten fehlen, ohne die das Gesamtbild unvollständig wäre oder es zu unerklärlichen Widersprüchen käme.

Nun beginnen die Nachrecherchen und es werden erneut Informationen zusammengetragen. Der sich aus den neuen Fakten ergebende Gesamteindruck lässt alles bereits Ausformulierte inhaltlich hinfällig erscheinen, sodass nun auch der Text noch einmal neu geschrieben werden muss – und so fort. Mehrfache „Schleifen“ zwischen Recherchieren, Strukturieren und Formulieren bzw. Vorbereitung und Ausführung zeugen von einem unsystematischen Arbeitsstil und erhöhen unnötig den Zeitaufwand. Die Wiederholung von Arbeitsvorgängen lässt sich auch unter Zeitdruck durch gekonnte Recherche, Strukturierung und Gewichtung der benötigten Informationen *vor* Beginn der Schreibphase vermeiden.

2. Das Problem

Worin liegt eigentlich das Problem bei der Erarbeitung eines Konzeptes? Warum erscheint diese Arbeit so schwierig und mühselig, ganz abgesehen vom vorhandenen Zeitdruck? Genau gesehen, sind es drei Probleme, die entweder alle kombiniert oder einzeln auftreten.

Erstes Problem: *„Es ist viel zu viel"*

„Ich habe viele zu viele Unterlagen, aber viel zu wenig Zeit, um alles zu lesen und wirklich durchzuarbeiten." Oder: *„Es ist viel zu viel Material, als dass ich alles gleichzeitig im Kopf behalten und in eine wirkliche Übersicht bringen könnte."*

Stopp! Hier lauert schon die erste Demotivationsfalle: Müssen Sie wirklich *alles* lesen und durcharbeiten? Und müssen Sie *alles* zugleich im Gedächtnis jonglieren? Die Antwort lautet eindeutig: Nein!

Zwar sind wir es von unserem Schul- und Ausbildungssystem her gewohnt, alles Punkt für Punkt lesen und dann möglicherweise auch noch auswendig lernen zu müssen, doch das ist Schnee von gestern! Mit diesem antiquierten Arbeitsstil kommen Sie heute im Zeitalter von permanenter Informationsüberflutung und Highspeed-Management nicht mehr weiter, sondern landen in einer Sackgasse unerledigter, halbfertiger Aufgaben, die Ihnen Energie abziehen.

Machen Sie sich frei vom alten Arbeitsparadigma – es gibt effizientere Methoden, die weder Ihre Lesekapazität übersteigen, noch Ihr Gehirn überlasten, zum Beispiel die KJ-Methode und Vistem. Sie lernen sie in den folgenden Kapiteln kennen.

Zweites Problem: *„Ich blicke nicht durch"*

„Mit der Stofffülle habe ich keine Probleme, aber wie soll ich die unterschiedlichen Fakten zueinander in Beziehung setzen und dann interpretieren? Meine Unterlagen sind inhaltlich so heterogen, dass ich befürchte, keinen Durchblick zu bekommen."

Insbesondere, wenn eine Sachlage diffus ist und es offenkundige Widersprüche gibt, ist es nicht einfach, daraus ein stimmiges Bild und ein schlüssiges Konzept zu entwickeln. Ein weiteres Problem besteht in der Komplexität vieler Sachverhalte. Komplexität ist nicht zu verwechseln mit Kompliziertheit. „Kompliziert" heißt einfach „schwierig"; „komplex" jedoch bedeutet „vielschichtig, eine Vielzahl unübersichtlicher Wechselbeziehungen bildend, miteinander vernetzt, ein System bildend".

Viele Sachverhalte sind heute nicht nur kompliziert, sondern auch komplex – aber trotzdem handhabbar.

Auch für das Abwägen und Interpretieren unterschiedlichster Informationen gibt es qualitativ bewertende wie quantitativ messende Methoden, zum Beispiel die Morphologische Matrix und den Papiercomputer, die in diesem Buch vorgestellt werden. Entspannen Sie sich also, und lassen Sie sich nicht schon vor Beginn von Scheinproblemen demotivieren!

Drittes Problem: *„Ich kann nicht schreiben"*

„Wenn ich daran denke, dass ich einen langen Text sprachlich ausformulieren muss, dann vergeht mir jede Lust am Erarbeiten des Konzeptes. Schon in der Schule konnte ich nicht gut ‚schreiben'."

In der Tat rührt die Angst vor dem leeren Blatt häufig aus unangenehmen Erfahrungen in der Schulzeit her, die oft ein Leben lang prägend wirken. Machen Sie sich frei davon! Jeder kann schreiben, und niemand erwartet einen schriftstellerisch vollendeten, sondern lediglich einen lesbaren, brauchbaren Text von Ihnen.

Für das flüssige, klare, strukturierte und überzeugende Ausformulieren von Texten gibt es ebenfalls einige einfache Kreativitätsmethoden und Regeln, die man nur zu beachten braucht und die in den Kapiteln 6 „Das Konzept vorbereiten" und 7 „Das Konzept ausformulieren" vorgestellt werden. Also keine Panik!

Nachdem wir nun die drei Scheinprobleme beseitigt haben, stelle ich noch einmal die Frage: Worin liegt das Problem bei der Erarbeitung Ihres Konzeptes?

Das wirkliche Problem

Das wirkliche Problem besteht darin, dass Sie sich – bevor es losgeht –, zunächst einmal über Ihre Aufgabenstellung klar werden müssen: Mit welcher Zielsetzung erarbeiten Sie Ihr Konzept? Welche Bedingungen oder Voraussetzungen sind zu beachten?

Nehmen wir an, Ihre Aufgabe besteht darin, eine Werbekampagne für ein neues Softwareprodukt zu erarbeiten. Das Ziel könnte in diesem Fall lauten: „Das Konzept soll alle Elemente des Distributionsmix beleuchten und die erfolgversprechendsten ausfindig machen." Eine Bedingung könnte lauten: „Der Werbeetat darf zwei Millionen Euro nicht überschreiten."

Auf den Punkt gebracht

Formulieren Sie das Ziel Ihres Konzeptes sowie alle damit verbundenen Bedingungen präzise und vollständig aus, und zwar *schriftlich.* Auf diese Weise haben Sie das Wesentliche Ihrer Aufgabe jederzeit vor Augen. Dies ist besonders wichtig, wenn Sie in der Vielfalt der Informationen und einzelnen Arbeitsschritte zwischendurch zu ertrinken drohen.

Ein Konzept ist zumeist nicht Selbstzweck, sondern verfolgt ein *übergeordnetes* Ziel; es wird zum Beispiel erstellt, um als Informationsgrundlage für weitere Arbeitsschritte zu dienen. Formulieren Sie nun auch das höhere Ziel schriftlich aus. Im Falle der Werbekampagne könnte das übergeordnete Ziel lauten: „Das Konzept dient als Entscheidungsgrundlage für das Meeting mit der Werbeagentur am 20. Februar."

Überlegen Sie nun, ob Sie noch weitere Ziele mit Ihrem Konzept verfolgen. Es kann sich hier beispielsweise um persönliche Ziele handeln, die nicht unmittelbar mit der Arbeitsaufgabe in Verbindung stehen, aber dennoch wichtig sind. Im Falle des Werbekonzeptes könnte das Ziel heißen: „Ich möchte mit meinem Konzept die Werbeagentur überzeugen und für die von mir gefundene Lösung gewinnen. Mit dem Konzept möchte ich mich als Leiter der Werbekampagne empfehlen."

Für das nächste Mal

Halten Sie sich nicht mit Scheinproblemen auf, mit denen Sie letztlich nur Ihre Fähigkeiten in Frage stellen. Konzentrieren Sie sich auf das Wesentliche Ihres Konzeptes, nämlich die drei Ziele:

- Das unmittelbare Ziel: Welches Ziel verfolgt Ihr Konzept? Welche Bedingungen und Voraussetzungen müssen Sie dabei beachten?
- Das übergeordnete Ziel: Welchem unternehmerischen Zweck dient Ihr Konzept?
- Das persönliche Ziel: Was wollen Sie mit dem Konzept für sich beruflich erreichen?

3. Informationen recherchieren und zusammenstellen

Dem ersten Schritt, der Sammlung von Informationen, kommt die größte Bedeutung zu. Wenn Sie hier die Weichen falsch stellen, ist die Qualität Ihres Konzeptes ernsthaft in Frage gestellt. Falsche oder unvollständige Informationen als Basis können zu falschen Schlussfolgerungen, falschen Alternativen, Fehlentscheidungen oder einer unzureichenden Problemlösung führen – Ihr Konzept würde damit wertlos. Daher hat die Auswahl der Informationen einen hohen Stellenwert.

Alle Informationsquellen ausschöpfen

Wer mit der Erarbeitung eines Konzeptes beginnt, hat häufig schon einige Informationen aus verschiedenen Quellen zusammengetragen, aber noch nicht systematisch bearbeitet oder sortiert. Möglicherweise ist Ihre Stoffsammlung auch schon so umfangreich, dass Sie kurz vor dem Herzinfarkt stehen, weil Sie nicht wissen, wie Sie in der Kürze der Zeit alles aufbereiten sollen. Keine Panik!

Versichern Sie sich zunächst einmal, dass Sie wirklich im Besitz aller *notwendigen und relevanten* Unterlagen sind. Prüfen Sie anhand der folgenden Tabelle, ob Sie alle wichtigen Informationsquellen ausgeschöpft und erschlossen haben oder ob wesentliche fehlen. Grundsätzlich gibt es für fast jedes Konzept zwei Informationsquellen: firmeninterne und -externe Quellen.

Falsche oder unvollständige Informationen führen zu wertlosen Konzepten.

Firmeninterne Infos	
aus dem eigenen Unternehmensbereich	Berichte, Kalkulationen, Briefings, Gutachten, Entscheidungsvorlagen, Notizen, Meeting-Protokolle, Briefe, E-Mails
aus anderen Unternehmensbereichen	Bilanzen, Geschäftsberichte, Umfrageergebnisse
Externe Infos	
individuell zusammengestellte, nicht allgemein zugängliche Quellen	Interviews, Ansichten, Meinungen, Statements, Infos über Konkurrenzprodukte und -preise
allgemein zugängliche Quellen	Fachbücher, Zeitschriften, Softwareprogramme, Internetseiten, Branchenstatistiken, Mediadaten, Verbands-, Vereins- und IHK-Informationen

Die verschiedenen Informationsquellen

Die meisten Menschen haben die Gewohnheit, immer wieder auf die gleiche Weise und bei den gleichen Quellen Informationen zu sammeln, was jedoch zu einer einseitigen Meinungsbildung führen kann. Ein typischer Fehler besteht zum Beispiel darin, sich nur auf interne Informationen zu beschränken, statt auch externe einzubeziehen. Besonders im unternehmerischen Kontext führt dies häufig zur *Betriebsblindheit,* die Fehlentscheidungen verursacht, weil die Markt- und Wettbewerbssituation nicht genügend berücksichtigt wurde. Wenn Sie zum Beispiel eine Werbekampagne für ein Softwareprodukt ausarbeiten, wäre es ein kardinaler Fehler, sich nicht zu informieren, wie und auf welche Weise die Konkurrenz ihre Produkte auf dem Markt platziert hat.

Durch vielfältige Informationskanäle beugen Sie einer einseitigen Beurteilung der Sachlage vor.

Wer umgekehrt die Neigung hat, externe Quellen heranzuziehen, ohne auch in anderen Bereichen des eigenen Unternehmens zu recherchieren, läuft Gefahr, dass *aneinander vorbei gearbeitet* wird oder identische Aufgaben von verschiedenen Abteilungen *doppelt* bearbeitet werden. Entwickelt etwa nicht nur die Marketing-, sondern auch die Vertriebsabteilung bereits ein Werbekonzept, so ist es dringend notwendig, sich untereinander über den Stand der Dinge zu informieren.

Auf den Punkt gebracht

Verfallen Sie nicht in den Fehler, stets denselben Rechercheweg einzuschlagen. Passen Sie Ihren Suchradius dem jeweiligen Konzept und seinem Ziel flexibel an, um das bestmögliche Ergebnis zu erzielen. Berücksichtigen Sie sowohl interne wie externe Quellen als auch „harte" wie „weiche" Infos. Persönliche Ansichten und Meinungen sind heute vielfach genauso wichtig oder sogar wichtiger als harte Fakten.

Haben Sie bisher noch nicht alle notwendigen Unterlagen zusammengetragen, so überlegen Sie, wie Sie schnellstmöglich Ihre Informationslage optimieren können.

Erstellen Sie eine Aufgabenliste:

- Was genau fehlt noch und woher bekommen Sie es am schnellsten, auch wenn es nicht Ihr üblicher Rechercheweg ist?
- Kann zum Beispiel ein Telefonat, eine E-Mail oder eine kurze Recherche im Internet durch Eingabe eines geeigneten Suchbegriffes weiterhelfen?
- Welche Person(en) kennt (kennen) sich thematisch am besten in dem betreffenden Bereich aus? Wen können Sie um Hilfe bitten?
- An wen können Sie die Recherche gegebenenfalls delegieren?

Setzen Sie klare Fristen, damit sich die Recherche nicht unvorhergesehen in die Länge zieht. Legen Sie fest, wer bis wann bei Ihnen welche Informationen abliefern soll.

Setzen Sie ein Zeitlimit für die Informationsrecherche.

Haben Sie alle Informationen zusammengetragen, sind Sie möglicherweise der Verzweiflung nahe, denn jetzt stapeln sich 15–20 Berichte, 3 CDs, 5 Aktenordner mit unsortierten Artikeln, Gutachten und Statistiken in Ihrem Arbeitszimmer, ganz zu schweigen von 32 wichtigen Dateien auf Ihrem PC, die noch nicht ausgedruckt sind, sowie den 4 Fachbüchern, die Sie noch immer nicht gelesen haben. Keine Panik – diese Situation ist heute im Zuge des allgemeinen *Information-Overload* völlig normal!

Die Informationen organisieren

Der nächste Schritt besteht darin, dass Sie all Ihre verschiedenen Unterlagen *an einem Ort versammeln*, am besten auf einem *separaten* Tisch oder an einem besonderen Platz Ihres Arbeitszimmers. Das klingt zwar trivial, ist es aber ganz und gar nicht. Denn manche Unterlagen sind vielleicht nicht in Ihrem Zimmer, sondern in dem eines Kollegen oder schlummern im Archiv, aus dem sie erst hervorgeholt werden müssen. Andere Unterlagen sind möglicherweise noch bei Ihnen zu Hause anstatt im Büro oder liegen auf dem Stapel „Unerledigtes", weil Sie bisher nicht zum Lesen gekommen sind. Weitere wichtige Informationen sind in irgendwelchen Ordnern abgeheftet, weil sie gerade in einem anderen Zusammenhang für ein anderes Projekt benötigt werden. Für all diese Unterlagen gilt: „Aus den Augen, aus dem Sinn!" Was Sie nicht unmittelbar vor Augen haben, werden Sie bei der Ausarbeitung Ihres Konzeptes schlicht vergessen und gar nicht berücksichtigen! Daher ist die Sammlung aller Informationen an einem klar abgegrenzten Ort unerlässlich.

Zur Organisation Ihrer Unterlagen gehört ebenfalls, dass alle vorhandenen Informationen *schriftlich* vorliegen und damit lesebereit und fertig für eine weitergehende Bearbeitung sind. Was wollen Sie zum Beispiel mit Diktierbändern oder Kassetten, wenn Sie sich nur noch vage an das Aufgenommene erinnern? Auch Dateien auf dem PC und CDs sind wahre *Blackboxes*, von denen Sie gar nicht wissen, was sich in ihnen verbirgt, bevor es nicht ausgedruckt worden ist.

Ein klares Ordnungssystem für die Vielzahl der Informationen wirkt motivierend.

Sorgen Sie also dafür, dass alle Informationen ausgedruckt bzw. in eine schriftliche Form gebracht werden. Diese Arbeit können Sie zum Beispiel an eine Sekretärin delegieren und dadurch selbst Zeit sparen.

Auf den Punkt gebracht

Die Organisation der Informationen besteht aus drei Schritten:

- der Zusammenstellung an einem separaten Ort
- der schriftlichen Aufbereitung aller Materialien und
- dem Anlegen einer optisch übersichtlichen Ordnung.

Nachdem Sie alle Informationen an einem Platz gesammelt haben, sollten Sie das Chaos nun auch optisch in eine klare Übersicht bringen, und zwar unabhängig davon, welche der Unterlagen Sie inhaltlich schon studiert haben. Verwenden Sie für gleichartige Informationen gleichartige Ordnungssysteme, gegebenenfalls auch unterschiedliche Farben. Packen Sie zum Beispiel

- alle Informationen aus dem Internet in Aktenordner 1 mit der Farbe rot,
- alle Kalkulationen in Aktenordner 2 mit der Farbe grün,
- alle Mediadaten in Hängeregister A mit der Farbe gelb,
- alle Konkurrenzunterlagen in Hängeregister B mit der Farbe blau und so weiter.

Höchstwahrscheinlich werden Sie jetzt feststellen, dass es – Gott sei Dank – viel weniger Informationen sind, als Sie zuerst angenommen haben. Wenn Sie statt eines unübersichtlichen Haufens nämlich ein einheitliches Ordnungssystem haben, so reduziert sich die Menge der Unterlagen optisch ganz erheblich, was nicht nur die Arbeitsmotivation hebt, sondern auch Zeit bei der weiteren Bearbeitung spart. Und falls die Unterlagen immer noch recht umfangreich sein sollten, so trösten Sie sich mit dem Pareto-Prinzip: Mit 20 Prozent der Unterlagen werden Sie 80 Prozent Ihres Arbeitsergebnisses erzielen; es kommt nur darauf an, die richtigen 20 Prozent herauszufiltern.

Bei der Anlage des Ordnungssystems haben Sie wahrscheinlich festgestellt, dass Sie bereits einiges doppelt haben. Werfen Sie es sofort weg, um sich zu entlasten.

Nun haben Sie „reinen Tisch“ gemacht: Alle benötigten Informationen liegen vollständig und in geordneter Weise vor. Jetzt kann es mit der inhaltlichen Arbeit am Konzept richtig losgehen.

Für das nächste Mal

Das Recherchieren und Organisieren der benötigten Unterlagen ist eine Arbeit, die Sie zur eigenen Zeitersparnis fast hundertprozentig *delegieren* können, und zwar auch an Laien, die in Ihr Projekt nicht eingewiesen sind. Sie brauchen lediglich klare Aufgabenlisten mit Terminsetzungen für die betreffenden Personen anzulegen und regelmäßig zu überprüfen, ob die Arbeiten die gewünschten Fortschritte machen. Durch geschickte Delegation, zum Beispiel an Ihre Sekretärin oder einen Praktikanten, kommen Sie schneller zum Wesentlichen, nämlich der *inhaltlichen* Arbeit an Ihrem Konzept.

4. Informationen inhaltlich strukturieren und ordnen

Bisher haben Sie wahrscheinlich erst wenige oder noch gar keine Ihrer gesammelten Unterlagen wirklich gelesen, geschweige denn durchgearbeitet. Dies ist jetzt Ihre nächste Aufgabe. Doch *Achtung: Zeitfalle!* Gerade das Lesen und intensive Durchdenken einer Vielzahl einzelner Informationen kostet häufig mehr Zeit als eingeplant und ist im Tagesgeschäft neben den sonstigen Aufgaben konzentriert nicht zu bewältigen. Daher besteht die Gefahr, dass Sie sich bei diesem Arbeitsschritt, den Sie nicht delegieren können, verzetteln, indem Sie zu viel Zeit darauf verwenden, die Ihnen nachher bei der weiteren Ausarbeitung fehlt.

Rationelles Lesen

Entscheidend ist, dass Sie sich eine rationelle Lesemethode aneignen, die Sie vor dem ungeheuer zeitaufwendigen Wort-für-Wort-Lesen bewahrt. Es gibt mittlerweile zahlreiche Schnelllesemethoden wie das *Photoreading* oder *Highspeed-Reading.* Wenn Sie bereits eine solche Methode erlernt haben, sollten Sie sie unbedingt jetzt anwenden. Wenn nicht, dann helfen Ihnen die folgenden Ratschläge:

- Legen Sie sich eine Liste mit Stich- und Schlüsselwörtern an, auf die Sie beim Lesen achten sollten. Diese Wörter dienen Ihnen als Blickfokus, worauf Sie in den Texten besonders schauen müssen.
- Verwenden Sie Inhaltsverzeichnisse, Kapitelüberschriften, Zwischentitel, Grafiken und Absatz-Anfänge als Orientierung, was lesenswert ist und was nicht.
- Lassen Sie Ihre Augen locker über die Zeilen gleiten, ohne mit dem Blick zurückzuspringen, wenn Sie etwas nicht verstanden haben. Was Ihnen unverständlich erscheint, übergehen Sie einfach.
- Versuchen Sie, möglichst große Textabschnitte – zum Beispiel ganze Zeilen – auf einmal in den Blick zu nehmen, anstatt jedes Wort einzeln zu lesen.
- Manchen Menschen hilft es, beim Lesen ein Lineal zu verwenden, damit sie jeweils eine Zeile auf einmal und mit kontrollierter Geschwindigkeit lesen können. Eine andere Möglichkeit, das so genannte *Querlesen,* besteht darin, jeweils das erste und das letzte Wort jeder Zeile mit den Augen zu fixieren. Vertrauen Sie darauf, dass Sie alles dazwischen Liegende ebenfalls geistig aufnehmen, auch wenn Sie sich nicht bewusst daran erinnern.
- Markieren Sie schon während des Lesens wichtige Begriffe oder Textabschnitte mit Leuchtmarker, gegebenenfalls auch in unterschiedlichen Farben für verschiedene Schlüsselbegriffe. Verwenden Sie verschiedenfarbige Klebezettel, um Wichtiges später wiederfinden zu können.
- Überfordern Sie sich nicht, indem Sie sich bemühen, das Gelesene auch im Gedächtnis zu behalten. Das ist nahezu unmöglich. Vertrauen Sie darauf, dass Ihnen während Ihrer weiteren Arbeit zur rechten Zeit das Richtige wieder einfällt.

Intensives Lesen sollte so rationell wie möglich geschehen, damit es nicht zur Zeitfalle wird.

Auf den Punkt gebracht

Setzen Sie sich Zeitfristen. Legen Sie zum Beispiel fest, dass Sie für jede Unterlage nicht mehr als 5–10 Minuten aufwenden, gleich ob es sich um ein ganzes Buch, eine ausgedruckte Datei, einen Bericht, eine Kalkulation oder ein anderes Dokument handelt. Treiben Sie sich ein wenig zur Eile an und kontrollieren Sie Ihre Geschwindigkeit bei jeder Information mit einer Uhr, solange Sie sie noch nicht automatisch im Griff haben.

Durch das klare Einhalten von Zeitfristen bewältigen Sie auch einen unüberschaubar großen „Informationsberg" in relativ kurzer Zeit, ohne sich zu verzetteln.

Vielleicht stellen Sie beim Lesen fest, dass es unter inhaltlichen Kriterien sinnvoller ist, die eine oder andere Information anders zu organisieren, als dies bisher geschehen ist, sie zum Beispiel in einem anderen Ordner abzuheften. Sinnvoll ist es, zentrale Informationen auch zentral in einem Ordnungssystem zu konzentrieren. Tun Sie dies *sofort* – oder lassen Sie die Neuorganisation von jemand anderem erledigen, wenn Sie die Möglichkeit zum Delegieren haben.

Sicher werden Sie beim Lesen auch feststellen, dass Sie etliche überflüssige oder unbrauchbare Informationen gesammelt haben, die wahrscheinlich nach der 80:20-Regel zu denjenigen 80 Prozent gehören, die Sie kaum oder gar nicht weiterbringen. Sortieren Sie diese Unterlagen vorläufig aus und legen Sie sie deutlich sichtbar an den Rand Ihres Ordnungssystems, ohne sie wegzuwerfen. Denn möglicherweise stellen Sie im weiteren Verlaufe Ihrer Arbeit fest, dass Sie die eine oder andere davon unerwartet dennoch benötigen.

Die KJ-Methode

Lassen Sie sich bei der Lektüre von folgenden Fragen leiten:

- Welches sind aus der Gesamtmenge aller Informationen die zentralen?
- Welche Informationen haben untergeordneten, welche übergeordneten Charakter?
- Welche unterschiedlichen Themenfelder und Ansatzpunkte kristallisieren sich heraus?
- Wie hängen die verschiedenen Themenbereiche miteinander zusammen? Wie sieht das Gesamtsystem aus?

Bei der Beantwortung dieser Fragen hilft Ihnen die KJ-Methode, die nach dem japanischen Anthropologen Jiro Kawakita benannt ist. Sie dient der analytischen Durchdringung komplexer Probleme. Ziel ist es, die relevanten Problem- und Themenbereiche und ihre Verbindungen zu erfassen, ihre Zusammenhänge untereinander darzustellen und die Beziehungen zwischen den Teilbereichen offen zu legen. Auch Hypothesen lassen sich mit der KJ-Methode aufstellen.

Wenden Sie diese Methode entweder während der Lektüre oder als nächsten Arbeitsschritt an: Legen Sie für jede gelesene Einzelinformation ein Kärtchen an, auf dem Sie ein paar Stich- oder Schlüsselwörter zum Inhalt notieren. Statt einer Menge von Unterlagen in ganz verschiedenen Formaten und Medien wie Aktenordnern, Hängeregistern, CDs und so weiter haben Sie jetzt einen Stapel übersichtlicher Karteikarten im gleichen Format, sodass die Informationen sowohl optisch als auch materiell leichter handhabbar sind. Je nach Menge Ihrer Unterlagen können auf diese Weise durchaus 200–300 Karteikarten zusammenkommen.

Auf der Rückseite jedes Kärtchens notieren Sie die Quelle der jeweiligen Information und ihren Aufbewahrungsort (Buch: Autor, Titel, Jahr; Internetseite: www.xyz.de, PC-Datei: Ordner, Dateiname – und so weiter). Die

Quellennotiz hilft Ihnen, die jeweiligen Informationen im Verlauf Ihrer weiteren Arbeit in ihrer vollen Länge jederzeit schnell wieder aufzufinden, ohne dass Sie erst lang suchen müssen.

Im nächsten Schritt breiten Sie alle Karten auf einer großen leeren Tischfläche aus, gegebenenfalls aus Platzgründen auch auf dem Fußboden. Nun bilden Sie kleine Stapel mit denjenigen Kärtchen bzw. Informationen, deren Inhalte in enger Beziehung zueinander stehen; das können 30–40 Stapel oder mehr werden, je nach Kartenmenge. Legen Sie für jeden Stapel ein Deckkärtchen an – am besten in einer anderen Farbe als die übrigen Kärtchen –, das den Inhalt des Stapels in einen Oberbegriff zusammenfasst.

Als Nächstes schauen Sie, welche Karten*stapel* ähnliche bzw. verwandte Inhalte haben und verbinden diese wiederum mit einem gemeinsamen Oberbegriff auf einem separaten Deckkärtchen mit einer besonderen Farbe.

Jetzt sollte sich Ihr Informationsberg auf eine kleine Menge von ca. 7–10 Stapeln reduziert haben, sodass Sie daran gehen können, die Beziehungen und Abhängigkeiten der Informationsstapel untereinander zu untersuchen. Die Beziehungen lassen sich beispielsweise durch räumliche Nähe von themenähnlichen Stapeln, in Form von Pfeilen, aber auch mit Hilfe neuer Karten in anderen Farben und/oder Formen optisch darstellen. Die gefundenen Beziehungen werden nun vertieft, indem einzelne Karten aus den Stapeln herausgenommen und wiederum miteinander in Beziehung gesetzt werden. An diesem Punkt können Sie dazu übergehen, Einzelinformationen intensiver zu lesen, falls es nötig sein sollte, aber verwenden Sie nicht zu viel Zeit darauf.

Nutzen Sie Karteikarten für jede Info, um die Menge Ihrer Unterlagen überschaubar zu machen.

Nach der KJ-Methode ist nun in Papierform eine „Themen- und Beziehungslandschaft“ entstanden, wie sie die folgende Abbildung auf Seite 20 zeigt.

Auf den Punkt gebracht

Mit Hilfe der KJ-Methode wird jede einzelne Information auf einer Karteikarte erfasst. Dies hilft Ihnen, unüberschaubare Unterlagen in verschiedenen Formaten und Medien sowie inhaltlich heterogene Informationen handhabbar zu machen und erste Beziehungen zwischen den Informationen zu erkennen.

Die KJ-Methode endet an dieser Stelle bei den Kartenstapeln auf dem Tisch, ohne die Resultate schriftlich oder auf andere Weise festzuhalten. Die „logische“ Fortsetzung ist die neuere Technik des Mindmapping, das die Informationen zur Weiterverarbeitung flexibel aufbereitet.

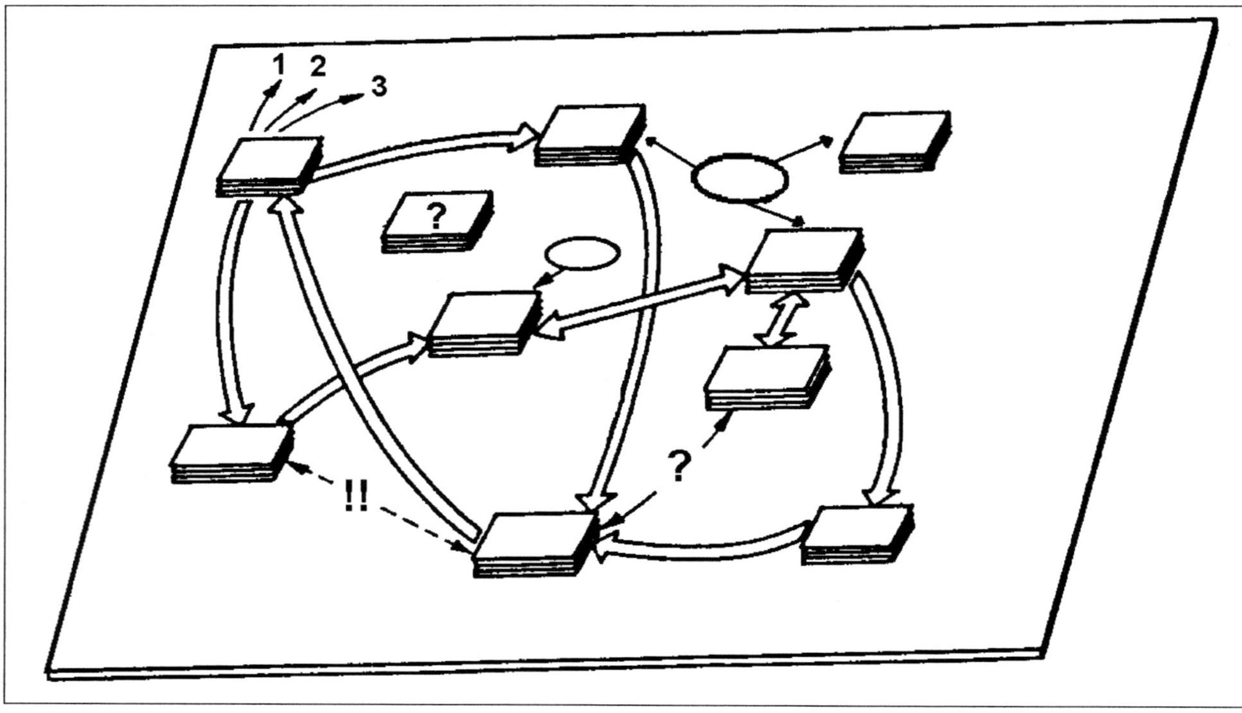

Abb. 1: Eine Problem- oder Themenlandschaft nach der KJ-Methode

Mindmapping

Beim Mindmapping wird mit Stich- bzw. Schlüsselwörtern gearbeitet. Ein gut gewähltes Schlüsselwort bildet eine Art „Erinnerungshaken" im Gedächtnis, weil sich in ihm viele Informationen bündeln; es ruft eine vollständige Gedankenkette ins Gedächtnis. Als Schlüsselwörter werden in der Regel Nomen (Substantive) verwendet. Nehmen wir an, Sie erarbeiten ein Konzept für eine Werbekampagne, so könnten zum Beispiel Begriffe wie „Außendienst", „Anzeigenwerbung", „Direktmailings" und „Produktnutzen" Schlüsselwörter bilden, unter denen sich eine Vielzahl weiterer und detaillierterer Informationen erfassen lassen. Möglich ist, dass Sie als Schlüsselwörter die Oberbegriffe Ihrer Karteistapel verwenden, die Sie nach der KJ-Methode erstellt haben.

Nun können Sie daran gehen, Ihr Mindmap zu entwickeln. Nehmen Sie ein Blatt Papier im Querformat und schreiben in die Mitte das Schlüsselwort für das zentrale Thema Ihres Konzeptes, das Sie mit einem Kreis umschließen. Von diesem zentralen Wort ausgehend legen Sie nun mehrere Haupt- und Nebenäste in verschiedene Richtungen an, die Sie nach Belieben entwickeln können. Auf die einzelnen Äste schreiben Sie jeweils die Haupt- und Nebenstichwörter. Im Rahmen der Werbekampagne könnten beispielsweise Begriffe wie „Kundenresonanz", „Tausenderkontaktpreis" und „Mediadaten" Unterstichwörter unter dem Hauptstichwort „Anzeigenwerbung" sein.

Das ganze Mindmap sieht ähnlich aus wie ein Baum, wobei die „Verästelung" die Beziehungen zwischen den verschiedenen Themen- und Problembereichen sichtbar macht. Hilfreich ist es, wenn Sie die Hauptäste und die von ihnen abzweigenden Nebenäste in verschiedenen Farben kennzeichnen. Zusätzlich können Sie einen unerschöpflichen Vorrat an Symbolen und Zeichen verwenden, um die Inhalte weiter zu veranschaulichen: Pfeile zwischen den Ästen, Fragezeichen, Ausrufezeichen, Sterne, Klammern, Bilder aller Art, gegebenenfalls auch Fotos, Dreiecke, Vierecke und was immer Ihnen sonst noch hilft, Beziehungen zu verdeutlichen und Wichtiges im Gedächtnis zu behalten.

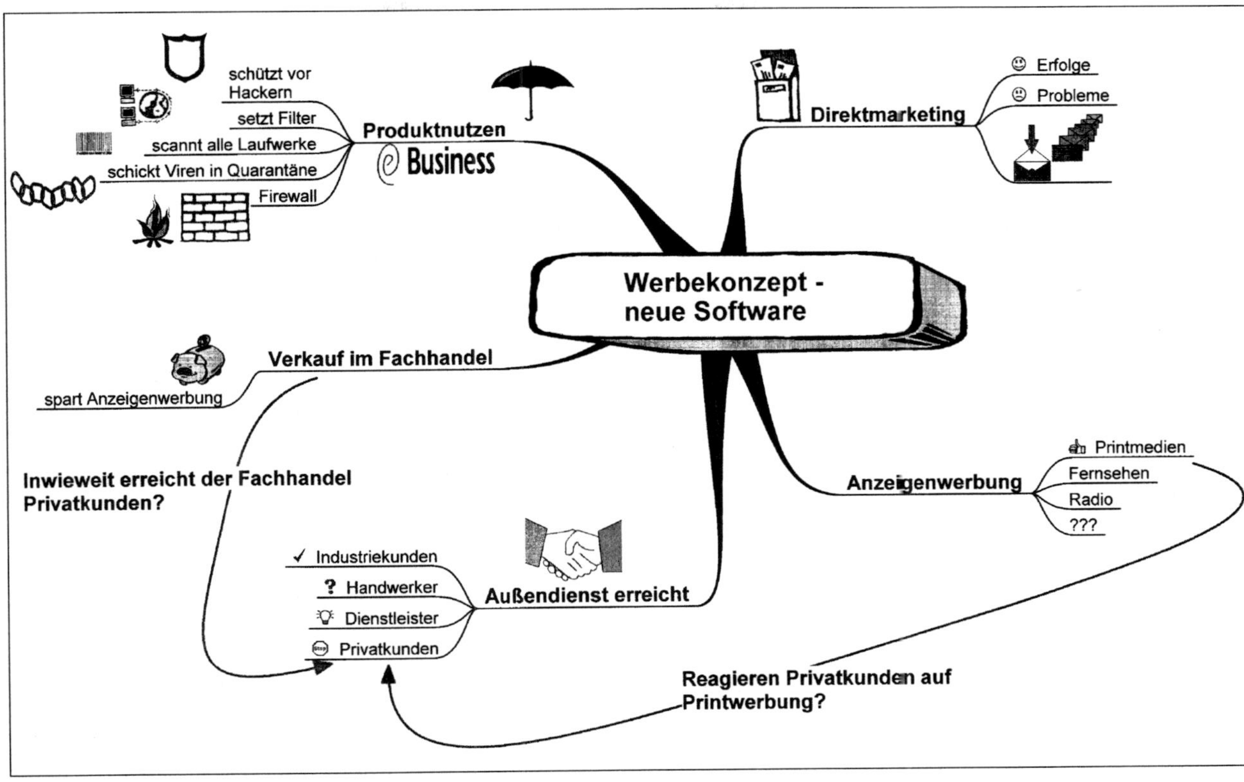

Abb. 2: Ein Mindmap für ein Werbekonzept, im Original farbig

In einem Mindmap haben Sie die wesentlichen Informationen für Ihr Konzept auf einen Blick.

Auf den Punkt gebracht

Mit Hilfe eines Mindmaps können Sie auf einem einzigen Blatt Papier das gesamte Informationsgefüge für Ihr Konzept übersichtlich darstellen. Die Verwendung von Schlüsselwörtern hilft Ihnen, sich an wesentliche Informationskomplexe zu erinnern.

Häufig kommt es vor, dass Ihnen während des Mindmappings oder im weiteren Verlauf Ihrer konzipierenden Arbeit Änderungen einfallen, die ins Mindmap eingetragen werden müssten. Wenn Sie auf Papier arbeiten, müssen Sie in diesem Fall wieder von vorne beginnen, um Äste zu löschen oder zu verschieben. Eine elegante Lösung besteht darin, Mindmaps am Computer zu erstellen.

MindManager heißt das Softwareprogramm, mit dem Sie Ihre Mindmaps am PC erstellen und problemlos immer wieder ändern, korrigieren, erweitern oder kürzen können, ohne sie jedes Mal neu anlegen zu müssen; zudem können Sie sie als Datei speichern und immer wieder ausdrucken, eine Vielzahl von Symbolen und Grafiken einfügen sowie mit vielen Farben und Schriftvarianten sauber arbeiten. Die Anschaffung lohnt sich, falls Sie häufiger Konzepte erstellen müssen und Ihnen die Methode zusagt.

Vistem

Die Vistem-Methode ist als Alternative oder Ergänzung zum Mindmapping verwendbar und wurde von Carmen Thomas entwickelt. „Vistem“ steht für „Visualisieren mit System“ und basiert auf der systematischen und überlegten Verwendung von Haftnotizzetteln (Post-its) in bestimmten Formaten. Vistem ist vielfältig einsetzbar, zum Beispiel zur Gesprächs- und Konferenzführung, und eignet sich ebenfalls hervorragend, um ein komplexes Themen- oder Problemfeld, wie es ein Konzept bildet, darzustellen und daraus weitergehende Überlegungen abzuleiten.

Die Grundausstattung besteht aus Haftzetteln in sechs Farben, „Pits" genannt, und in verschiedenen, speziell entwickelten Formaten, einem Stift und einem so genannten Fond oder Untergrund, auf den die Pits geklebt („gepittet") werden.

Sie beginnen, indem Sie jede Information leserlich auf ein Pit schreiben. Wie und wofür Sie die Pits verwenden, bleibt Ihnen überlassen. Sie können zum Beispiel für jede Einzelinformation ein Pit anlegen, so wie Sie bei der KJ-Methode dafür eine Karteikarte und beim Mindmapping ein Schlüsselwort verwendet haben. Allerdings sind Sie bei Vistem nicht auf einzelne Stichwörter beschränkt, sondern können auch ganze Sätze oder Teilsätze bilden. Besteht ein Gedanke aus mehreren Wörtern, zum Beispiel einem Nomen und einem Verb, so ist es üblich, zwei getrennte Pits zu verwenden, z.B. Blau für das Nomen und Gelb für das Verb. Dies ist häufig wichtig, um auf neue Einfälle zu kommen. Zudem spielen Verben eine Rolle, wenn Ihr Konzept das Ziel verfolgt, Handlungen abzuleiten oder neue Aktionswege zu finden und nicht nur vergangenheitsorientiert über etwas Geschehenes zu berichten.

Nehmen wir an, Ihr Konzept für die Werbekampagne des Softwarepogramms soll auch den Nutzen des Produktes herausarbeiten, damit er dann später werblich dargestellt werden kann. Eine zentrale Frage lautet also: „Was tut das Softwareprogramm? Welche Probleme werden damit gelöst?" Die Fähigkeiten des Produktes lassen sich klar, knapp und anschaulich am besten mit Verben ausdrücken, während Nomen dafür weniger geeignet sind. Sie suchen also aus Ihren umfangreichen Unterlagen den Produktnutzen heraus und finden abstrakte, umständliche Formulierungen wie: „mit Antiviren- und Firewalltechnologie ausgerüstet". Jetzt lösen Sie diese Wendung so auf, dass der Nutzen offensichtlicher wird: „Das Programm schützt vor Hackern und bösen Viren". Auf diese Weise wird klar, was das Programm tut: Es „schützt" vor „Bösem" – etwas, das jedem Käufer unmittelbar einsichtig und verständlich ist, auch wenn er mit Fachbegriffen wie „Firewalltechnologie" nichts anfangen kann. Somit haben Sie einen klaren Anhaltspunkt für die Gestaltung der Werbung gefunden, für die Sie bereits auf Ihrem Vistem-Visual erste Ideen in Form von Grafiken darstellen können – zum Beispiel einen Schild oder eine Ritterrüstung zur Veranschaulichung des Schutzes.

Mit Vistem können Sie Aktionen aus Fakten ableiten.

Nach der Vistem-Methode verwenden Sie für den Satz, der den Produktnutzen ausdrückt, drei oder vier getrennte Pits mit folgender Beschriftung:

1. Das Programm
2. schützt
3. vor Hackern und bösen Viren.
4. Grafisches Symbol: Ritterrüstung, Schild

Für die Pits werden verschiedene Farben gebraucht, die der Strukturierung dienen: Blau steht für Oberpunkte, Gelb für Unterpunkte, Weiß für offene Punkte; neben diesen „Hirnfarben" gibt es die „Herzfarben": Rot für Wichtiges, Grün für Erfreuliches oder Wünsche, Grau für Störendes.

Verteilen Sie zunächst alle Pits auf einem Fond, also einem Untergrund, und zwar brainstormartig, ohne besondere Ordnung. Dann verwenden Sie einen zweiten Fond und beginnen nun, die Pits in einer sinnvollen Struktur zu fixieren. Für den Fond wurde ein speziell gerastertes Papier entwickelt, das ein gerades Aufkleben der Pits ermöglicht. Bei dieser Methode ist es *nicht* üblich, ein „geclustertes" Bild mit über die ganze Fläche verteilten Begriffen oder Pits anzulegen, die dann durch irgendwelche Pfeile verbunden werden. Vielmehr werden die Pits *nebeneinander in geraden Linien* angeordnet. Nur Wichtiges wird schräg und Unwichtiges an den rechten Rand geklebt; die Verwendung von Symbolen, beispielsweise als Gedächtnisstützen, ist möglich. Die Systematisierung ergibt sich neben dem geordneten „Bepitzen“ des Untergrunds durch die sinnvolle Verwendung der sechs Farben; auch der Untergrund selbst kann verschiedene Farben und Formate haben.

Weitere Informationen zur Methode finden Sie im kommentierten Literatur- und Internetverzeichnis am Ende des Buches.

Die Vistem-Methode erfordert ein wenig Übung und sollte beim ersten Mal nicht angewendet werden, wenn Sie unter großem Zeitdruck stehen. Müssen Sie jedoch öfter Konzepte entwickeln, eventuell auch gemeinsam mit anderen, und diese dann vor einer Zuhörerschaft vortragen, so eignet sich Vistem hervorragend und ist auch zeitsparend. Falls Sie nämlich Ihr Konzept nicht unbedingt sprachlich vollständig Satz für Satz auszuformulieren brauchen, so kann das Visual, also die mit Vistem angefertigte Übersicht auf einer Seite, bereits das vollständige Konzept darstellen (siehe Beispiel auf Seite 34).

Auf den Punkt gebracht

Mit Vistem können Sie eine umfangreiche Thematik übersichtlich und flexibel mit ihren verschiedenen Elementen visualisieren sowie Handlungen aus Fakten ableiten. Ein weiterer Vorteil besteht in der Auswahl zwischen unterschiedlichen Papierformaten, die die Informationen auch bei Präsentationen im größeren Rahmen für viele Teilnehmer gut lesbar machen können.

Sie haben jetzt einen Überblick über die Gesamtheit Ihrer Unterlagen gewonnen und sie in eine erste Ordnung gebracht. Im nächsten Schritt geht es darum, zwischen verschiedenen Informationen und deren Nutzen abzuwägen und die bereits gefundenen Beziehungen zwischen ihnen zu vertiefen.

Für das nächste Mal

Die KJ-Methode, Mindmapping und Vistem können Sie alternativ oder ergänzend zueinander einsetzen – je nach Aufgabenstellung Ihres Konzeptes und persönlicher Vorliebe. Falls Sie des Öfteren Konzepte erstellen, empfiehlt es sich, eine oder mehrere der Methoden gründlich zu erlernen, um sie bei Bedarf sofort und „automatisch“ ohne Einarbeitungsphase anwenden zu können. Je besser Sie eine Methode beherrschen, desto wirkungsvoller funktioniert die Anwendung. Möglich ist auch, dass Sie mehrere Methoden zu einer individuellen neuen kombinieren, beispielsweise Mindmaps mit Hilfe von Haftnotizzetteln erstellen.

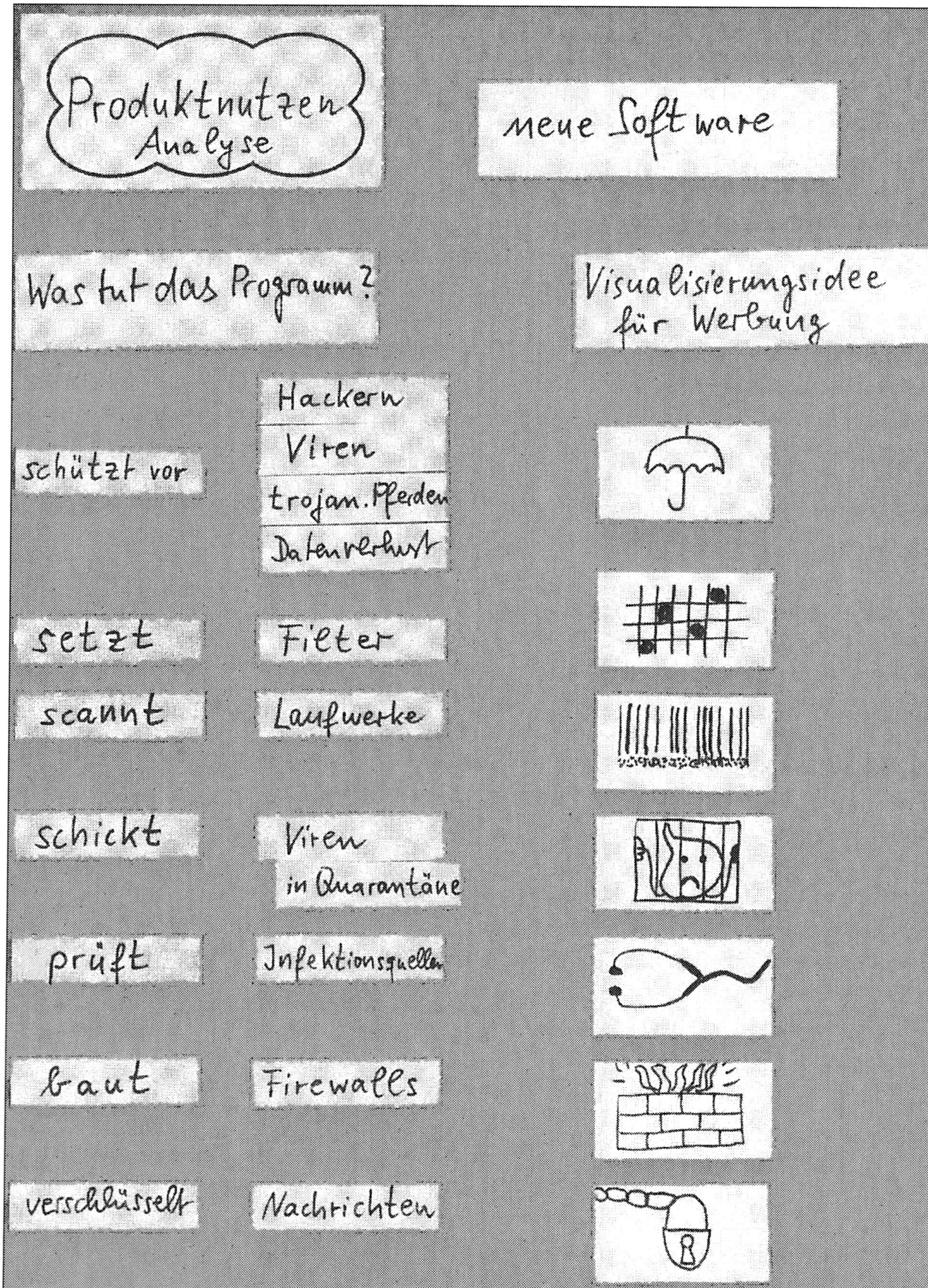

Abb. 3: Ein Vistem-Visual, Beispiel: Produktnutzenanalyse

5. Informationen gewichten und interpretieren

Ziel der weiteren Informationsaufbereitung ist es, systematisch auf Ihr Konzept und seine endgültige Struktur hinzuarbeiten. Im vorigen Kapitel haben wir eine erste, allerdings noch *grobe* inhaltliche Ordnung der vorhandenen Informationen erstellt; jetzt geht es darum, die Ordnung zu vertiefen, zu präzisieren, gegebenenfalls auch zu korrigieren und dabei die zahlreichen *Details* und Einzelinformationen zu berücksichtigen sowie in eine schlüssige Gesamtstruktur zu integrieren. Am Ende dieses Prozesses steht die Aufstellung einer Hypothese, die die zentrale Aussage Ihres Konzeptes in einem Satz ausdrückt.

Es wird im Folgenden eine Reihe unterschiedlicher Methoden vorgestellt, von denen Sie keineswegs alle anwenden, sondern die für Ihre jeweilige Aufgabenstellung geeignete(n) auswählen sollten. Hat Ihr Konzept beispielsweise zum Ziel, zwischen mehreren möglichen Handlungsalternativen eine wohlbegründete Entscheidung zu treffen, so benötigen Sie eine andere Methode, als wenn es darum geht, einen zusammenfassenden Bericht zu schreiben, in dem Sie eine gegebene Sachlage in ihren verschiedenen Facetten lediglich erläuternd darstellen.

Wie viele verschiedene Methoden Sie sinnvollerweise anwenden, hängt wesentlich von dem Umfang Ihrer Informationssammlung und dem Umfang Ihres geplanten Konzeptes ab. Handelt es sich um ein kurzes Konzept von wenigen Seiten, das mit Hilfe relativ weniger Informationen erstellt werden kann, so reicht unter Umständen eine einzige Methode bereits aus, um das Ganze zu erfassen und in ein brauchbares Schema zu gießen. Je umfangreicher und differenzierter aber Ihr Konzept und Ihre vorhandenen Informationen sind, desto wahrscheinlicher ist es, dass Sie verschiedene Methoden für verschiedene Themenbereiche benötigen, um zu einem schlüssigen Gesamtkonzept zu gelangen.

Die folgende Tabelle zeigt in der linken Spalte die in diesem Kapitel vorgestellten Methoden und nennt in der rechten Spalte ihren Anwendungsbereich. So können Sie die für Ihr Konzept geeignete(n) Methode(n) auswählen.

Methode	Anwendung
Morphologische Matrix	Systematisieren von Informationen
Portfoliomatrix	Qualitatives Abwägen einzelner Informationen
Hypothesenmatrix, Papiercomputer	Umfangreiche Vernetzungen und Wechselbeziehungen zwischen Informationen erkennen, darstellen und gewichten
Entscheidungsmatrix	Zwischen konkurrierenden Alternativen eine eindeutige Entscheidung treffen
Pyramiden-Prinzip	Die Logik und Vollständigkeit eines Argumentationsganges überprüfen

Interpretationsmethoden

Systematisieren und Abwägen

Um komplexe Probleme zu strukturieren und zu systematisieren, eignet sich die **Morphologische Matrix,** auch „Problemfelddarstellung“ oder „Erkenntnismatrix“ genannt. Durch sie können bereits bekannte Lösungen oder Zusammenhänge in eine klare Ordnungsstruktur gebracht, aber auch Lücken identifiziert werden.

Die Matrix besteht aus einer Art Tabelle mit einer horizontalen und einer vertikalen Ausprägung, in die jeweils unterschiedliche Parameter eingetragen werden, die es zu untersuchen gilt. Solche Parameter können beispielsweise verschiedene Bauteile eines Produktes, unterschiedliche Varianten einer Problemlösung oder verschiedene

Ausprägungen eines Merkmals sein. Die Matrix lässt sich auf nahezu alle Aufgaben und Fragestellungen anwenden, sofern das Problem sich auf wenige Parameter beschränken lässt.

Mit dem Kombinieren von Elementen stellen Sie eine Ordnung her, die auch Lücken offenbart.

Die Einordnung von Informationen in *beide* Ausrichtungen ermöglicht es, bestimmte *Kombinationen* zu ermitteln (in der folgenden Matrix statt mit Worten oder sprachlichen Erläuterungen stellvertretend mit ● gekennzeichnet). Widersinnige, unrealistische oder unlogische Kombinationen scheiden als so genannte *Nullfelder* (×) aus und lassen sich damit ausschließen; *Leerfelder* (...) weisen auf Lücken bzw. das Fehlen gewisser Informationen hin. Sie können eine Aufforderung sein, noch fehlende Informationen zu beschaffen, oder einfach auf derzeit unüberwindbare objektive Wissensdefizite hinweisen.

	A	B	C	D	E
1	●	●	●	×	×
2	...	...	●	×	...
3	...	●	●	×	...
4	...	●	×	●	×

Morphologische Matrix

Im Gegensatz zur Morphologischen Matrix ist es bei der **Portfoliomatrix** möglich, Informationen von ihrer Bedeutung her qualitativ zu *gewichten.* Ein »klassisches« Anwendungsgebiet der Portfoliomatrix ist die Bewertung von Produkten und ihrem Marktanteil in Relation zu ihrem Marktwachstum. Natürlich sind auch andere Anwendungsbereiche denkbar, sofern sie sich in ein einfaches Schema von zwei bis vier Ausprägungsgraden (zum Beispiel „plus – minus", „niedrig – mittel – hoch" oder „am schwächsten – schwach – stark – am stärksten") einordnen lassen. Das folgende Beispiel zeigt die klassische Zweier-Matrix, wie sie bei der Produktbewertung häufig eingesetzt wird.

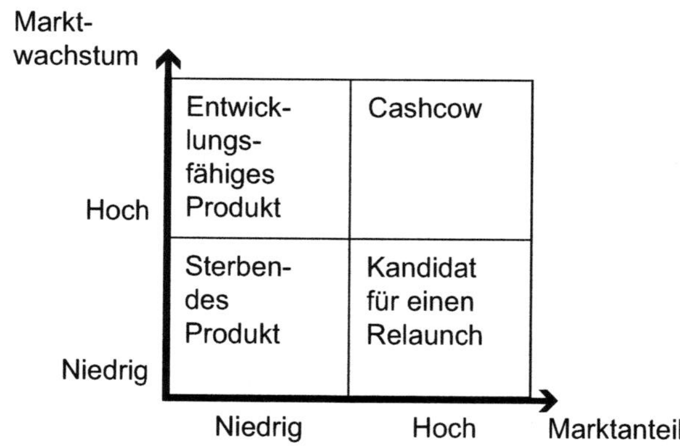

Portfoliomatrix

> **Auf den Punkt gebracht**
>
> Mithilfe der Morphologischen Matrix können Sie Informationen so zuordnen, dass Sie wesentliche Kombinationen, Widersprüche und Lücken auf einen Blick erkennen. Mit der Portfoliomatrix lassen sich außerdem Ausprägungen oder Merkmale von Informationen bewerten. Beide Methoden eignen sich für überschaubare Informationsmengen mit relativ wenigen Parametern.

Vernetzungen erkennen

Zu erarbeitende Konzepte sind heute oft *komplex,* weil sie aus einer Vielzahl von Informationen bestehen, die zunächst auf undurchschaubare Weise miteinander verbunden sind. Im vorigen Kapitel haben wir in einer ersten Übersicht versucht, solche Vernetzungen oder Wechselbeziehungen zwischen verschiedenen Sachverhalten mit Hilfe von Pfeilen, unterschiedlichen Symbolen oder Verästelungen, die von Hauptzweigen ausgehen, grafisch darzustellen. Als erste Annäherung war dies ausreichend, doch jetzt genügt das nicht mehr, denn diese Art der Darstellung berücksichtigt kaum Details und sagt auch nichts über die Stärke gegenseitiger Beeinflussungen verschiedener Parameter aus. Eine quantitative

Messung unterschiedlicher Faktoren ist mit den im letzten Kapitel behandelten Methoden ebenfalls nicht möglich. Weiterführend sind hier die Hypothesenmatrix und der Papiercomputer.

Die **Hypothesenmatrix** dient dazu, komplexe Sachverhalte analytisch zu durchdringen, Verknüpfungen in all ihren Details transparent zu machen und latente Probleme aufzudecken. Fragestellungen, die mit dieser zweidimensionalen Matrix beantwortet werden können, sind zum Beispiel:

- Wie wirken sich verschiedene Vertriebskanäle auf das Kaufverhalten unterschiedlicher Zielgruppen aus?
- Wie sind neue Versicherungsprodukte zu gestalten, damit sie den Anforderungen verschiedener Zielgruppen genügen?
- Welcher Bedarf an neuen Dienstleistungen für den privaten Haushalt entsteht durch die wachsende Berufstätigkeit von Frauen?

Jede der jeweils miteinander zu korrelierenden Dimensionen (Vertriebskanäle – Kaufverhalten, Versicherungsprodukte – Zielgruppen, neue Dienstleistungen – Berufstätigkeit der Frau) wird in der Hypothesenmatrix in Unterdimensionen aufgeschlüsselt. Sinnvolle Unterdimensionen im Bereich „Vertriebskanäle" wären beispielsweise „Direktmarketing, Verkauf über den Fachhandel, Verkauf in Kaufhäusern, Außendienst, Werbung in Printmedien, Fernsehwerbung, Radiowerbung".

Die Zahl der Unterdimensionen ist methodisch nicht festgelegt, sondern flexibel wählbar und von der jeweiligen Problemstellung abhängig. Die beiden zu korrelierenden Parameter können auch jeweils eine unterschiedliche Anzahl an Unterdimensionen aufweisen. Gerade in der Aufschlüsselung in eine Vielzahl von Unterbereichen liegt die Genauigkeit in der Erfassung aller möglichen einzelnen Beziehungen, die das wahre Ausmaß der Vernetzung erst klar erkennen lassen.

Vernetzungen erkennen Sie erst dann, wenn Sie die verschiedenen Parameter in Unterbereiche aufschlüsseln.

		Vertriebskanäle				
		Direkt-Marketing	Außendienst	Verkauf über Fachhandel	Anzeigenwerbung	Fernsehwerbung
Zielgruppen	Industriekunden	×		×		
	Handwerker	+	–	g	∩	s
	Privatkunden	0,4	0,8	0,2		
	Dienstleistungsunternehmen	?	←	→	↔	!

Hypothesenmatrix

Die sich in der Matrix ergebenden Felder füllen Sie anhand der Ihnen vorliegenden Informationen aus, wobei es verschiedene Möglichkeiten gibt, eine qualifizierte Bewertung vorzunehmen. Entscheiden Sie sich je nach erforderlichem Genauigkeitsgrad für *eine* der folgenden Alternativen, (die in der Matrix alle zugleich verwendet wurden):

- Einen einfachen Zusammenhang zwischen einem vertikalen und einem horizontalen Feld markieren Sie mit einem ×; wo kein Zusammenhang besteht, bleibt das Feld leer.
- Mit einem Pfeil von links nach rechts (→) markieren Sie einen Einfluss des vertikalen auf das horizontale Feld, mit einem Pfeil von rechts nach links (←) einen Einfluss des horizontalen auf das vertikale Feld. Ein Doppelpfeil (↔) zeigt eine wechselseitige Beeinflussung beider Felder an.
- Ein positiver Zusammenhang wird mit plus (+) gekennzeichnet, ein negativer mit minus (–).
- Eine quantitative Bewertung mit Zahlen, die die Korrelation zwischen Feldern mathematisch darstellt, ist ebenfalls möglich – vorausgesetzt, solches Zahlenmaterial liegt Ihnen vor oder Sie können die Werte aus Ihren vorhandenen Informationen errechnen.
- Ein grobe Gewichtung lässt sich anstatt mit Zahlen auch mit den Bewertungen „geringer, mittlerer, starker Zusammenhang" (g, m, s) kenntlich machen.
- Unklare Beziehungen werden mit Fragezeichen (?), bedeutungsvolle mit Ausrufezeichen (!) versehen.

Mit der Hypothesenmatrix können Sie Informationen qualifiziert bewerten.

Etwas anders als die Hypothesenmatrix verfährt der von Frederic Vester entwickelte so genannte **Papiercomputer**. Während in der Hypothesenmatrix in der Horizontalen und der Vertikalen zwei *unterschiedliche* Dimensionen miteinander korreliert werden, sind die beiden Dimensionen beim Papiercomputer inhaltlich *identisch*. Auf diese Weise können die direkten Wirkungen verschiedener Faktoren aufeinander gewichtet werden.

Typische Fragestellungen, die sich mit dem Papiercomputer beantworten lassen, sind beispielsweise:

- Wie beeinflussen sich die verschiedenen Vertriebs- und Kommunikationskanäle eines Produktes gegenseitig: Wirkt sich zum Beispiel das Direktmarketing negativ auf den Außendienst aus? Oder beeinflusst Fernsehwerbung den Verkaufserfolg des Fachhandels?
- Welchen wechselseitigen Einfluss übt der Verkauf unterschiedlicher Versicherungsprodukte aufeinander aus: Beeinflusst der Abschluss einer Lebensversicherung den Abschluss anderer Versicherungsverträge positiv oder negativ? Begünstigt eine private Krankenversicherung auch einen Vertrag für eine Unfallversicherung, und wenn ja, in welchem Maße?

Vier Arten von Einflüssen lassen sich mit dem Papiercomputer identifizieren:

- Der *aktive Faktor* beeinflusst alle anderen Faktoren am stärksten, wird aber von ihnen am schwächsten beeinflusst.
- Der *reaktive Faktor* beeinflusst alle übrigen am schwächsten, wird aber selbst am stärksten beeinflusst.
- Der *kritische Faktor* beeinflusst die übrigen am stärksten und wird gleichzeitig auch am stärksten von ihnen beeinflusst.
- Der *puffernde Faktor* beeinflusst die übrigen am schwächsten und wird von ihnen am schwächsten beeinflusst.

Wie bei der Hypothesenmatrix, so ist auch beim Papiercomputer die Zahl der Dimensionen oder Faktoren in beiden Richtungen nicht begrenzt.

Identifizieren Sie mit dem Papiercomputer wechselseitige Einflüsse und die Stärke ihrer Wirkungen.

Die verschiedenen Faktoren sind von oben nach unten sowie von links nach rechts angeordnet, wobei die Reihenfolge keine Rolle spielt. Da sich die Faktoren nicht selbst beeinflussen können, sind die Kästchen, in denen ein Faktor auf sich selbst trifft, ausgespart (•). Eine quantitative Auswertung ist hier unabdingbar; sie kann entweder ganz präzise auf der Basis vorhandenen Zahlenmaterials erfolgen oder Schätzwerte nennen (siehe Tabelle unten).

Alle pro Zeile von links nach rechts addierten Werte ergeben die *Aktivsumme,* alle pro Spalte von oben nach unten addierten Werte die *Passivsumme.* Teilen Sie die Aktiv- durch die Passivsumme, so erhalten Sie jeweils den *Quotienten*; der Faktor mit dem höchsten Quotienten ist der aktive, derjenige mit dem niedrigsten Quotienten der reaktive Faktor. Im nächsten Schritt multiplizieren Sie jeweils die Aktiv- mit der Passivsumme und erhalten so das *Produkt.* Der Faktor mit dem höchsten Produkt ist der kritische, derjenige mit dem niedrigsten Produkt der puffernde Faktor.

Entsprechend dem obigen Beispiel können wir also die Vernetzung der verschiedenen Elemente des Kommunikations- und Distributionsmix folgendermaßen gewichten:

- Die Fernsehwerbung beeinflusst als aktiver Faktor am stärksten die übrigen Werbe- und Verkaufskanäle und wird von ihnen am schwächsten beeinflusst.
- Der Verkauf im Fachhandel beeinflusst als reaktives Element die übrigen Faktoren am wenigsten, wird aber von ihnen am stärksten beeinflusst.
- Der Außendienst ist das kritische Element, das die übrigen Werbe- und Verkaufskanäle am stärksten beeinflusst und von ihnen auch am stärksten beeinflusst wird.
- Das puffernde Element ist die Anzeigenwerbung, die die übrigen Faktoren am wenigsten beeinflusst und von ihnen auch am wenigsten beeinflusst wird.

Wirkung von ↓ auf →		A	B	C	D	E	Aktiv-summe	Quotient
Anzeigenwerbung	A	•	1	2	1	0	4	2
Direktmarketing	B	0	•	3	2	2	7	0,875
Außendienst	C	1	2	•	3	0	6	0,6
Verkauf Fachhandel	D	1	1	2	•	0	4	0,57
Fernsehwerbung	E	0	2	3	1	•	6	3
Passivsumme		2	8	10	7	2		
Produkt		8	56	60	28	12		

Papiercomputer: 0 = keine Einwirkung, 1 = schwache Einwirkung, 2 = mittlere Einwirkung, 3 = starke Einwirkung

Anstatt mit simplen Entweder-oder-Entscheidungen einen Großteil Ihrer Möglichkeiten zu verschenken, erleichtert es eine solch präzise Ermittlung von Faktoren und ihren wechselseitigen Wirkungen erheblich, eine klare und begründete Hypothese aufzustellen – bei einem Werbekonzept beispielsweise darüber, welche Faktoren im Kommunikationsmix in Zukunft stärker in den Vordergrund gerückt werden sollten, weil sie den Verkaufserfolg am stärksten beeinflussen.

Auf den Punkt gebracht

Einer der klassischen Fehler bei der Erarbeitung eines Konzeptes besteht darin, angesichts der Vielzahl der Einflussmöglichkeiten verschiedener Faktoren auf- und untereinander zu kapitulieren und in eine simple „Entweder-Oder-Hypothese" mit nur zwei Alternativen zu verfallen, anstatt die unterschiedlichen Vernetzungen im Detail zu untersuchen und Schritt für Schritt zu gewichten. Die Hypothesenmatrix und der Papiercomputer helfen bei einer differenzierten Betrachtungsweise und decken das Beziehungsnetz so auf, dass viele Alternativen mit jeweils unterschiedlichen Gesichtspunkten erkennbar werden.

Entscheidungen fällen

Angenommen, es ist Aufgabe Ihres Konzeptes, aus einer Menge möglicher Alternativen eine Entscheidung zu treffen. Häufig ist es schwierig, sämtliche Aspekte einer Entscheidung und alle Alternativen rein gedanklich zu bewältigen. Zudem stehen verschiedene Alternativen oft unversöhnlich einander gegenüber, weil sie alle sowohl Vor- als auch Nachteile in sich bergen, sodass man der „Qual der Wahl" zu unterliegen scheint. Mit Hilfe der Entscheidungsmatrix wird die Entscheidungssituation zunächst formalisiert, damit sich anschließend durch die Anwendung bestimmter Regeln auch bei konkurrierenden Alternativen eine klare Entscheidung fällen lässt.
Auf der vertikalen Achse der **Entscheidungsmatrix** werden die Handlungsalternativen eingetragen, auf der horizontalen die Entscheidungskriterien. Nehmen wir an, es ist Aufgabe Ihres Konzeptes, die Wirksamkeit absatzpolitischer Instrumente im Hinblick auf unterschiedliche Reaktionen von Mitbewerbern zu prüfen. Finanziell können Sie die entsprechenden Gewinne oder Verluste bei den jeweiligen Alternativen aus Ihren Unterlagen ablesen oder rechnerisch ermitteln (siehe Tabelle unten).

Auf den ersten Blick erscheint es schwierig, eine der drei Alternativen als die beste auszumachen. Verbessern Sie zum Beispiel Ihre Distributionspolitik, so könnte Ihnen das einen Gewinn von maximal 70.000 € bringen, aber nur dann, wenn die Konkurrenz „schläft". Entscheidet sie sich jedoch, ihren Werbeaufwand zu erhöhen, so macht Ihr Unternehmen einen Verlust von 10.000 €. Ähnlich

Entscheidungskriterien / Handlungsalternativen	A. Konkurrenz erhöht Werbeaufwand	B. Konkurrenz senkt die Preise	C. Konkurrenz unternimmt nichts
1. Preissenkung	– 40.000 €	0	+ 90.000 €
2. Erhöhung der Werbeaufwendungen	0	+ 40.000 €	+ 90.000 €
3. Verbesserte Distributionspolitik	– 10.000 €	+ 10.000 €	+ 70.000 €

Entscheidungsmatrix: Wirksamkeit absatzpolitischer Instrumente

schwierig ist es mit der Preissenkung: Günstigstenfalls erwirtschaften Sie sogar einen höheren Gewinn als mit einer verbesserten Distributionspolitik, aber schlimmstenfalls auch einen höheren Verlust von 40.000 €.

Eine einfache Regel, die die Situation sofort eindeutig macht, ist das *Dominanzprinzip:* Eine Handlungsalternative ist gegenüber einer anderen dominant, wenn sie bei jedem Entscheidungskriterium bessere oder wenigstens gleich gute Ergebnisse liefert.

Schauen Sie sich die zweite Alternative in der Tabelle an. Sie ist in diesem Falle die dominante, denn sie erbringt bei den Entscheidungskriterien A und B ein besseres und bei C zumindest ein gleich gutes Ergebnis. Da Sie die Reaktionen Ihrer Konkurrenz auf Ihre Absatzpolitik nicht voraussehen können, fahren Sie mit der Alternative 2 in jedem Falle am besten; die richtige Entscheidung lautet also, die Werbeaufwendungen zu erhöhen. Nicht immer sind Entscheidungen jedoch so leicht zu fällen wie in diesem Beispiel.

Angenommen, Ihr Unternehmen will expandieren und sucht unter verschiedenen möglichen Standorten denjenigen, der das beste Kosten-Nutzen-Verhältnis bietet. Sie haben die Aufgabe, in Ihrem Konzept die Vor- und Nachteile verschiedener Standorte auszuloten und mit Ihrer Entscheidung für *einen* Standort eine eindeutige Empfehlung für Ihre Vorgesetzten auszusprechen. Nur ein kleiner Teil Ihrer Informationen ist in Zahlen messbar, sodass Sie sich bei mehreren Kriterien auf qualitative Schätzungen verlassen müssen. Mit Hilfe Ihrer vorliegenden Informationen erarbeiten Sie die folgende Entscheidungsmatrix:

	A. Jährliche Transportkosten	**B. Lohnnebenkosten**	**C. Steuervorteile**	**D. Subventionen**
Standort 1	250.000 €	mittel	durchschnittlich	keine
Standort 2	400.000 €	gering	sehr hoch	hoch
Standort 3	300.000 €	hoch	hoch	mittel
Standort 4	300.000 €	gering	hoch	gering

Entscheidungsmatrix für Standortwahl I

Wieder scheinen Sie vor der Qual der Wahl zu stehen, da jeder Standort sowohl Vor- als auch Nachteile bringt. Das Dominanzprinzip ist hier nicht anwendbar, da kein Standort gleich gute oder bessere Bedingungen als die übrigen bietet. Standort 1 zum Beispiel hat zwar die niedrigsten Transportkosten, wird aber nicht subventioniert. Bei Standort 2 sind zwar die Steuervorteile am höchsten, die Frage ist jedoch, ob diese nicht durch die extrem hohen Transportkosten wieder „aufgefressen" werden.

Für einen komplexen Fall wie diesen gibt es unterschiedliche Regeln, um zu einer eindeutigen Entscheidung zu kommen. Die einfachste Regel ist die so genannte *Zielunterdrückung:* Nur *ein* Entscheidungskriterium wird für relevant erklärt, und alle übrigen werden ignoriert. Haben in Ihrem Unternehmen zum Beispiel die Transportkosten die höchste Priorität, so fällt die Entscheidung zugunsten von Standort 1. Allerdings bleiben auf diese Weise die meisten Kriterien unberücksichtigt, was leicht zu Fehlentscheidungen führen kann.

Eine zweite Regel ist die *Festlegung eines Anspruchsniveaus:* Für jedes Entscheidungskriterium wird jeweils ein bestimmtes, gerade noch tolerierbares Ergebnis festgelegt, das beispielsweise folgendermaßen lauten könnte:

- Jährliche Transportkosten: 300.000 €
- Lohnnebenkosten: mittel
- Steuervorteile: durchschnittlich
- Subventionen: gering

	A. Jährliche Transport kosten	B. Lohnneben-kosten	C. Steuer-vorteile	D. Subven-tionen
Standort 1	250.000 €	mittel	durch-schnitt-lich	**keine**
Standort 2	**400.000 €**	mittel	sehr hoch	hoch
Standort 3	300.000 €	**hoch**	hoch	mittel
Standort 4	300.000 €	gering	hoch	gering
Anspruchs-niveau	300.000 €	mittel	durch-schnitt-lich	gering

Entscheidungsmatrix für Standortwahl II (mit Anspruchsniveau)

Bei der Entscheidungsfindung gehen Sie folgendermaßen vor: Sie prüfen jedes einzelne Kriterium im Hinblick auf das erhobene Anspruchsniveau. Der Standort, der das jeweilige Niveau nicht erfüllt, scheidet bei der weiteren Lösung des Problems aus. Auf diese Weise wird Standort 2 aufgrund der zu hohen Transportkosten, Standort 3 aufgrund der zu hohen Lohnnebenkosten und Standort 1 aufgrund der fehlenden Subventionen gestrichen. Übrig bleibt in diesem Falle Standort 4, für den die Entscheidung fällt.

Ein weiterer Ansatz, um bei dem komplexen Problem der Standortwahl zu einem eindeutigen Ergebnis zu kommen, ist die *Nutzwertanalyse*, die aus fünf Schritten besteht:

1. Gleichnamigmachen der Ergebnisse,
2. Gewichtung der verschiedenen Entscheidungskriterien,
3. Ermittlung der gewichteten Ergebnisse,
4. Ermittlung des Nutzens jeder Alternative,
5. Auswahl der optimalen Alternative.

Beim Gleichnamigmachen der Ergebnisse werden subjektive Nutzenpunkte für jedes Kriterium vergeben, sodass auch die bisher nicht quantitativ erfassten Kriterien einen Zahlenwert erhalten. Üblicherweise werden Nutzenpunkte von 0 für fehlenden Nutzen bis 10 für optimalen Nutzen vergeben. Gleiche Ergebnisse werden mit gleichen Nutzenpunkten bewertet. Bei der Gewichtung der Entscheidungskriterien wird jedem Kriterium durch eine Zahl eine bestimmte Wichtigkeit eingeräumt, und zwar so, dass alle Gewichtungen sich zum Wert 1 ergänzen. Die folgende Tabelle zeigt das Ergebnis der ersten beiden Schritte der Nutzwertanalyse:

	A. Jährliche Transport-kosten	B. Lohnneben-kosten	C. Steuer-vorteile	D. Subven-tionen
Gewichtung	0,3	0,4	0,2	0,1
Standort 1	10	5	5	0
Standort 2	3	8	10	8
Standort 3	5	3	8	5
Standort 4	5	8	8	3

Entscheidungsmatrix für Standortwahl III (mit Gewichtung der Entscheidungskriterien)

Die gewichteten Ergebnisse werden ermittelt, indem jedes Kriterium bei jedem Standort mit dem Faktor der Zielgewichtung multipliziert wird.

Im vierten Schritt werden bei jedem Standort die Punktwerte addiert. Zuletzt fällt die Entscheidung für den Standort mit der höchsten Punktzahl, denn er vereinigt den größten Nutzen auf sich. Die folgende Tabelle fasst die letzten drei Schritte zusammen. Erkennbar ist, dass die Entscheidung zugunsten von Standort 2 fallen muss, da er mit 6,9 Punkten den höchsten Nutzen aufweist.

	A. Jährliche Transportkosten	**B. Lohnnebenkosten**	**C. Steuervorteile**	**D. Subventionen**	**Summe**
Gewichtung	0,3	0,4	0,2	0,1	1,0
Standort 1	3,0	2,0	1,0	0	6,0
Standort 2	0,9	3,2	2,0	0,8	6,9
Standort 3	1,5	1,2	1,6	0,5	4,8
Standort 4	1,5	3,2	1,6	0,3	6,6

Entscheidungsmatrix für Standortwahl IV (mit Ermittlung der gewichteten Ergebnisse und des Nutzens)

Auf den Punkt gebracht

In einer komplexen Entscheidungssituation, die durch eine Vielzahl von Alternativen mit widersprüchlichen Vor- und Nachteilen gekennzeichnet ist, lässt sich durch eine Entscheidungsmatrix unter Anwendung unterschiedlicher Regeln jeweils eine eindeutige Entscheidung herbeiführen. Die wichtigsten Regeln sind:

- Das *Dominanzprinzip:* Welche Alternative liefert gleich gute oder bessere Ergebnisse als die anderen?
- Die *Zielunterdrückung:* Welches Entscheidungskriterium ist das wichtigste von allen?
- Das *Festlegen eines Anspruchsniveaus:* Welches Ergebnis ist bei jedem einzelnen Kriterium gerade noch tolerierbar?
- Die *Nutzwertanalyse:* Welche Alternative zeigt nach Durchlaufen einer fünfschrittigen gewichtenden Zahlenanalyse den höchsten Punktwert und damit den höchsten Nutzen für Ihre Wahl?

Eine Hypothese aufstellen und überprüfen

Nachdem Sie Ihre Informationen umfassend interpretiert haben – sei es durch Systematisieren, qualitatives oder quantitatives Gewichten, durch Aufdecken der Vernetzungen oder durch Fällen einer Entscheidung zwischen verschiedenen Alternativen –, besteht der letzte Schritt vor Ausarbeitung Ihres Konzeptes im Aufstellen einer (Hypo-)These. Ihre zentrale Erkenntnis, die Sie bei der Interpretation der Ihnen vorliegenden Informationen gewonnen haben, mündet in eine Hypothese; sie ist die Kernaussage Ihres Konzeptes, sozusagen „des Pudels Kern".

Die Hypothese sollte in einem einfachen, klaren und verständlichen Satz ausgedrückt werden und begründbar sein, zum Beispiel:

- „Bei der Wahl zwischen den Alternativen A, B, C, D und E entscheide ich mich für D, weil …"
- „Unter den Problemen F, G, H, I, K ist G das zentrale, denn …"
- „Für das Problem XYZ ist L die richtige Lösung, weil …"
- „Unter den Faktoren M, N, O, P und Q hat N die stärkste Wirkung und sollte daher vorrangig behandelt werden, denn …"
- „Im Rahmen des Projektes RST sollte die weitere Reihenfolge der Arbeitschritte U, V und W sein, weil …"

Ihr Konzept sollte immer eine zentrale Hypothese beinhalten.

Die jeweilige Formulierung der zentralen These ist natürlich vom Ziel und der Aufgabe des jeweiligen Konzeptes abhängig. Viele Formulierungen sind denkbar. Je nach Umfang Ihres Konzeptes ist es möglich, dass Ihre zentrale Hypothese von weiteren untergeordneten Hypothesen ergänzt und erweitert wird.

Unterscheiden Sie aber klar zwischen untergeordneten Hypothesen und Begründungen für Ihre zentrale These. Begründungen sind niemals weitere Hypothesen, sondern Fakten, die aus Ihren Informationen hervorgehen und die Hypothese untermauern. Auch Ihre untergeordneten Hypothesen sollten Sie anhand von Fakten belegen beziehungsweise begründen.

Um zu überprüfen, ob Ihre Argumentation schlüssig und plausibel ist, verwenden Sie das von Barbara Minto entwickelte **Pyramiden-Prinzip**. Es hilft, Gedanken logisch klar von oben nach unten – in Form einer Pyramide – zu strukturieren.

Prüfen Sie Ihre Hypothesen anhand einer Pyramide.

Die Pyramide besteht aus Kästchen. In jedes Kästchen wird eine Hypothese eingetragen, die Bestandteil Ihres Konzeptes ist. Das Wichtige dabei: Die Hypothesen auf jeder Ebene müssen zur selben gedanklichen Stufe gehören; jedes übergeordnete Kästchen muss immer die nächsthöhere Abstraktionsstufe der darunter liegenden Kästchenreihe darstellen. Darin liegt die Logik des Systems. Das Eintragen in die Kästchen hilft zu überprüfen, ob Ihr Gedankengang die logischen Zusammenhänge wirklich richtig darstellt.

Jedes Konzept lässt sich über eine umfassende Pyramidenstruktur mit beliebig vielen Kästchen in der Horizontalen und der Vertikalen darstellen, sofern Sie wirklich schlüssig argumentiert haben. Nehmen wir an, das oberste Kästchen steht für die zentrale Hypothese, dann repräsentiert die nächste darunter liegende Kästchenreihe die untergeordneten Hypothesen und die dritte Kästchenreihe die Fakten, aus denen Sie die Hypothesen gewonnen haben (vgl. Abbildung auf Seite 35).

Angenommen, Ihre zentrale Hypothese lautet: „Das Marketing-Problem lässt sich durch Erhöhung der Werbeaufwendungen lösen." In der nächsten Reihe darunter steht: „Preissenkungen bleiben wirkungslos" und „Eine verbesserte Distributionspolitik führt nicht zu nennenswert höheren Gewinnen". Im Laufe des Anlegens Ihrer Pyramide bemerken Sie nun durch Auflistung der Fakten in der dritten Kästchenreihe, dass auch die „differenziertere Schulung des Außendienstes" das Marketing-Problem löst und daher eigentlich auf derselben Stufe steht wie die „Erhöhung der Werbeaufwendungen" an der Spitze der Pyramide.

Ohne Pyramide wäre Ihnen die Unvollständigkeit Ihres Konzeptes womöglich gar nicht aufgefallen. Dank der Pyramide bemerken Sie den logischen Schwachpunkt in Ihrer Argumentationskette rechtzeitig und verbessern damit entscheidend Ihr Konzept, das sonst auf tönernen Füßen gestanden hätte. Die vertikale Anordnung der Gedanken zwingt Sie dazu, verschiedene Abstraktionsstufen klar voneinander und damit Wichtiges von weniger Wichtigem zu unterscheiden.

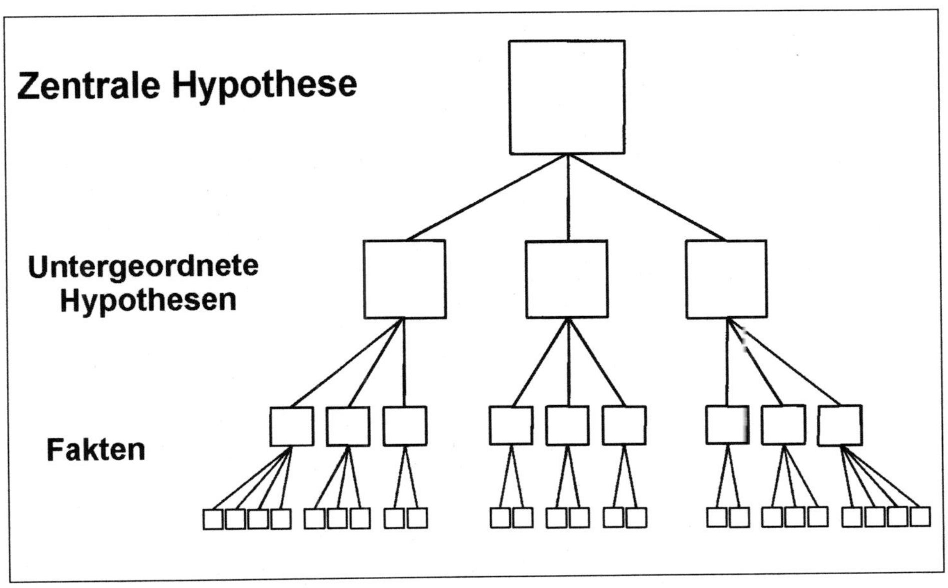

Abb. 4: Pyramidenstruktur

Für das nächste Mal

Das Gewichten und Interpretieren von Informationen ist nach dem Strukturieren und Ordnen der zweite wichtige Schritt zur Ausarbeitung eines Konzeptes. Er dient dazu, aus Ihren vorhandenen Unterlagen *neue Erkenntnisse* zu gewinnen und diese in ihrer Bedeutung zu bewerten.

Um Informationen zu gewichten und zu interpretieren, gibt es eine Reihe von Methoden, die mit verschiedener Zielsetzung für unterschiedliche Arten von Konzepten angewendet werden können. Allen Methoden ist gemeinsam, dass sie vorhandene Informationen in eine Matrix – eine tabellenartige Struktur – einordnen, um die komplexen Faktoren zu benennen, zu erfassen und zu bewerten. Dafür benötigen Sie nicht unbedingt einen Computer, auch wenn *Excel* für umfangreiche Informationen ein nützliches Programm sein kann.

Wer die Komplexität eines Problems oder einer Sachlage mit ihren vielfachen Wirkungen und Wechselwirkungen in verschiedene Richtungen methodisch ermittelt, vermeidet die *Komplexitätsfalle*, in die das Verstandesdenken leicht verfällt: Oberflächlich greift man sich aus der Vielzahl der Möglichkeiten zwei mehr oder weniger beliebige heraus und kommt zu dem voreiligen Schluss: „Entweder A oder B ist zutreffend, richtig oder entscheidungsrelevant.“ Eine derart simplifizierende Sichtweise bzw. Entweder-oder-Entscheidung ist gerade heute in immer komplexer werdenden unternehmerischen, wirtschaftlichen und gesellschaftlichen Strukturen gefährlich und oftmals falsch. Die Komplexitätsfalle kann auch unter Zeitdruck durch methodisches Vorgehen vermieden werden.

6. Das Konzept vorbereiten

Nachdem Sie Ihre Informationen interpretiert und die für Ihr Konzept erforderlichen neuen Erkenntnisse gewonnen haben, sind Sie schon beinahe so weit, dass Sie zu schreiben beginnen können. Doch zwischen der geistigen Ordnung, die Sie jetzt in Ihrem Kopf haben, und der Ordnung, die Ihr Konzept auf dem Papier in schriftlicher Form bekommen sollte, liegt derzeit noch eine Diskrepanz. Sie ergibt sich aus dem Unterschied zwischen der Perspektive, die Sie als Experte für Ihr Konzept und Ihr Thema haben, und derjenigen Ihrer Leser, die als Laien mit den Inhalten gar nicht oder erst oberflächlich vertraut sind. Da Sie mit Ihrem Konzept Ihre Zielgruppe informieren und überzeugen wollen, ist es notwendig, dass Sie sich auf deren Perspektive einstellen, damit Sie Ihr Konzept aus ihrer Sicht schreiben können. Dazu dienen die Vorbereitungsschritte in diesem Kapitel.

Die Leser Ihres Konzeptes haben eine andere Perspektive als Sie.

Die Gliederung erstellen

Je umfangreicher Ihr Konzept, desto wichtiger ist eine klare Gliederung, die Ihre Leser Schritt für Schritt zu dem von Ihnen gewonnenen Ergebnis hinführt. Die folgende Gliederung ist für alle Konzepte geeignet, und zwar unabhängig von ihrem Thema und Ziel.

Inhaltselemente eines Konzeptes:

1. Titel und Untertitel
2. Inhaltsverzeichnis
3. These und gegebenenfalls Unterthesen
4. Quintessenz des Inhalts
5. Einführung mit Aufhänger
6. Hauptteil
7. Schluss(folgerung)
8. Anlagen, sofern vorhanden

Es klingt trivial, aber jedes Konzept sollte – auch wenn es nicht länger als eine Seite ist – einen **Titel** haben, damit der Leser sich sofort orientieren kann, worum es geht.

Wählen Sie einen treffenden und zugkräftigen Titel für Ihr Konzept.

Bei längeren Konzepten von 20 oder mehr Seiten kann zusätzlich noch ein Untertitel verwendet werden. Der Titel sollte eine kurze Definition des Inhalts geben. Manchmal ist es möglich, die zentrale These eines Konzeptes als Titel zu verwenden, sofern dann der Untertitel das Thema genauer erklärt.

Nehmen wir an, Ihr Konzept hatte das Ziel, die Auswirkungen verschiedener Werbeinstrumente auf den Absatz eines Produktes zu ermitteln, und Sie sind zu dem Ergebnis gekommen, dass durch verbesserte Direktmailings mehr verkauft werden könnte. Dementsprechend könnten Titel und Untertitel Ihres Konzeptes lauten: „Durch Verbesserung des Direktmarketings den Umsatz um 30 Prozent steigern – Ergebnisse der Werbewirkungsanalyse des Softwareproduktes XY“. Dieser Titel drückt bereits Ihre zentrale Hypothese beziehungsweise Ihre gefundene Problemlösung aus; zudem weckt er beim Leser die positive Erwartung, dass ein bestehendes Problem produktiv gelöst werden kann, was die Lesebereitschaft deutlich erhöht. Der Untertitel präzisiert, um welches Produkt und um welche Art von Analyse es sich in Ihrem Fall handelt.

Sie können Ihren Titel auch provozierend formulieren, besonders dann, wenn Sie eine These aufstellen, die der allgemeinen Erwartung zuwiderläuft, zum Beispiel: „Anzeigenwerbung lässt den Umsatz stagnieren – Ergebnisse der Werbewirkungsanalyse des Softwareproduktes XY“.

Nicht immer ist es möglich oder notwendig, einen „peppigen“ Titel für Ihr Konzept zu finden. Manche Titel klingen daher auch einfach sachlich-nüchtern und korrekt, zum Beispiel: „Bericht über den Ablauf des Projektes XY vom 23. September bis zum 30. November 2004“.

Als Nächstes folgt in Ihrem Konzept das **Inhaltsverzeichnis,** das die einzelnen Überschriften Ihrer Einführung, Ihres Hauptteils und Schlusses mit den entsprechenden Seitenzahlen vermerkt. Natürlich können Sie das Inhaltsverzeichnis erst erstellen, wenn Sie die Gliederung festgelegt haben; es wird daher im nächsten Unterkapitel behandelt.

Generell sollten alle Konzepte, die mehr als sieben bis zehn Seiten Text umfassen, ein Inhaltsverzeichnis aufweisen. Denn nur so kann sich der Leser schnell orientieren, ohne alles lesen zu müssen.

Prinzipiell können Sie davon ausgehen, dass Ihre Leser dasselbe Problem haben wie Sie: Sie ertrinken in einer Flut täglicher Informationen und haben häufig nicht die Zeit, alles zu lesen, was auf ihrem Schreibtisch landet. Vieles wird nur an- oder quergelesen und manches bleibt auf dem Stapel „Unerledigtes“ liegen. Natürlich kann das auch Ihrem Konzept passieren, das dann schlimmstenfalls gar nicht zur Kenntnis genommen wird, obwohl es produktive Problemlösungen oder kreative Ideen enthält. In vielen großen Unternehmen „versanden“ regelmäßig die guten Ideen, die engagierte Mitarbeiter in schriftlicher Form einbringen.

Verstecken Sie daher Ihre zentrale Kernaussage nicht irgendwo weit hinten in Ihrem Konzept, sondern achten Sie darauf, dass Ihre Leser so schnell wie möglich Ihre zentrale **These** zur Kenntnis nehmen – selbst dann, wenn sie Ihr Konzept gar nicht lesen oder kaum hereinschauen.

Präsentieren Sie das Wesentliche so, dass Ihre Leser es innerhalb der ersten Minute, in der sie es in den Händen halten, bereits zwingend aufgenommen haben müssen.

Dies ist zum einen durch eine geschickte Wahl des Titels möglich und zum anderen dadurch, dass Sie Ihre Kernaussage gleich an den Anfang des Konzeptes stellen, noch bevor sich der Leser überhaupt mit irgendwelchen Details oder Fakten ansatzweise auseinandergesetzt hat. Wenn Sie Ihr Konzept mit Ihrer These und einer kurzen Begründung in einem bis drei Sätzen beginnen, kann dem Leser das Wesentliche unter keinen Umständen entgehen, ob er nun will oder nicht. Ist dann das Interesse erst einmal geweckt, weil Ihre These „spannend“ oder vielversprechend klingt, so ist die Wahrscheinlichkeit groß, dass der Leser sich mit dem weiteren Inhalt Ihres Konzeptes befasst – trotz der übrigen Arbeit auf seinem Schreibtisch.

Bei umfangreichen Texten von 100 Seiten oder mehr wird Ihr Konzept nicht nur eine einzelne These umfassen. In diesem Falle können Sie auch die untergeordneten Thesen kurz nennen. Nehmen Sie dabei die von Ihnen aufgestellte Pyramide, auch grafisch, zur Hilfe. Schreiben Sie in jedes Kästchen einen vollständigen Satz als Ausformulierung Ihrer jeweiligen These hinein. So erhält der Leser einen visuell einprägsamen Kurzüberblick darüber, was ihn erwartet. Insgesamt sollte die Präsentation Ihrer Thesen nicht länger als eine Seite sein.

Vielleicht wird der Leser jetzt noch immer zögern, ob er Ihr gesamtes Konzept lesen soll oder nicht. Er wird im Stillen seinen erforderlichen Arbeitsaufwand gegen den möglichen Nutzen Ihres Konzeptes aufrechnen und auf dieser Basis eine Entscheidung treffen.

Erleichtern Sie ihm die Entscheidung, indem Sie direkt im Anschluss an Ihre These eine **Quintessenz** anfügen. Sie fasst die wichtigsten Informationen und Kernaussagen Ihres Konzeptes unter Einbeziehung der These(n) zusammen und sollte maximal eine Seite umfassen.

Gliedern Sie Ihr Konzept so, dass auch eilige Leser die wichtigsten Aussagen sofort finden.

Nun können Sie sicher sein, dass Ihre Zielgruppe auf jeden Fall Ihr Konzept zur Kenntnis genommen hat! Sogar Leser, die nicht mehr als 30 Sekunden bis eine Minute auf Ihr Konzept verwendet haben, um „nur mal eben hereinzuschauen, worum es geht“, haben zumindest das Wichtigste erfasst, ja sind geradezu unabsichtlich darüber gestolpert.

Erst jetzt beginnt mit der nachfolgenden **Einführung** das „eigentliche“ Konzept. In der Einführung sollten Sie den Leser schrittweise an das Thema heranführen, den Sachverhalt, die Situation oder den derzeitigen Status quo erläutern. Bedenken Sie dabei, dass Ihre Leser zumeist Laien sind und Sie daher Dinge, die Ihnen aufgrund Ihrer gründlichen Einarbeitung in die Materie selbstverständlich erscheinen, vielleicht erst erklären müssen. Die Einführung beantwortet Fragen wie: Worum geht es überhaupt? Wie lautet das Problem, für das eine Lösung gefunden werden muss? Wie stellt sich die Situation momentan dar und wie wäre der Idealzustand? Erklären Sie ebenfalls wichtige Fachbegriffe oder Abkürzungen, auf die Sie im Hauptteil zurückgreifen wollen.

Ein weiterer Kunstgriff, um Ihre Leser im Text zu halten – damit sie nicht schon nach Lektüre der Quintessenz Ihr Konzept beiseite legen –, besteht darin, die Einführung mit einem so genannten „Aufhänger“ oder „Aufreißer“ zu beginnen: Ködern Sie Ihre Leser mit einer spannenden kleinen Geschichte, einem Zitat, einer Anekdote, einem aktuellen Ereignis oder einer interessanten Frage. Oder erzählen Sie eine kleine Begebenheit, die Sie persönlich im Zusammenhang mit der Erarbeitung Ihres Konzeptes erlebt haben: Wie haben Ihre Kollegen reagiert? Was hat der Chef gesagt? Was meinen die Kunden? Gibt es eine typische Reaktion, die immer wiederkehrt?

Es kann, ja sollte, sich um ein humorvolles oder überraschendes Erlebnis handeln. Einzige Bedingung: Der Aufhänger muss mit Ihrem Konzept inhaltlich zu tun haben – am besten, Ihre weiteren Ausführungen lassen sich inhaltlich daran „aufhängen“, daran „abrollen“.

Achten Sie zu diesem Zweck einmal darauf, wie Fernsehjournalisten ihre Berichte beginnen. Sie werden höchstwahrscheinlich keinen einzigen Bericht entdecken, der mit langweiligen politischen Entscheidungen und Beschlüssen anfängt. Stattdessen beginnt er damit, wie konkrete einzelne Menschen mit diesen Beschlüssen leben oder leben werden und was sie dabei empfinden. Erst nach dieser lebendigen, konkreten Darstellung leitet der Journalist dann zum Allgemeinen über.

Darin liegt das Prinzip: Für ein *abstraktes* Thema – nüchternes Zahlenmaterial, langweilige Berichte, staubtrockene Statistiken, theoretische Erörterungen – mit einem *konkreten* Einzelfall – einem Beispiel, einem menschlichen Erlebnis – Interesse wecken. Denn Menschen interessieren sich in erster Linie für Menschen und erst in zweiter Linie für „ZDF“ (Zahlen, Daten, Fakten).

Der Aufhänger ist nicht zwingend notwendig, aber wenn Sie ihn verwenden, werden Sie feststellen, dass sich viele Leser besser an ihn als an die vielen Details Ihrer Erörterungen im Hauptteil erinnern werden.

Mit einem Aufhänger am Anfang wecken Sie das Interesse der Leser.

Der im Anschluss an die Einführung folgende **Hauptteil** dient der sachlichen Darstellung des Inhalts mit all seinen Hintergründen und Einzelheiten. Hier referieren Sie die von Ihnen zusammengetragenen Informationen mit Ihren wichtigen Aussagen und interpretieren sie Punkt für Punkt. Präsentieren Sie nicht nur fertige Ergebnisse, sondern legen Sie Ihren Gedankengang Schritt für Schritt offen. Zeigen Sie, wie Sie auf Ihre Ergebnisse und zu Ihren Thesen gekommen sind. Verwenden Sie dazu die von Ihnen erstellten Matrizes und auch andere Abbildungen. Diskutieren Sie Ihre Thesen, lösen Sie Widersprüche logisch auf und widerlegen Sie vorausschauend mögliche Gegenargumente, die Gegner Ihres Konzeptes ins Feld führen könnten.

Der Hauptteil sollte mehrere Gliederungspunkte umfassen, also in mehrere Unterkapitel mit deutlich gekennzeichneten Überschriften aufgeteilt werden. Fassen Sie am Ende jedes einzelnen Kapitels jeweils die wesentlichen Aussagen kurz zusammen, bevor Sie zu einem neuen Thema übergehen.

Der **Schluss** rundet Ihr Konzept ab und sollte entweder eine wichtige Schlussfolgerung aus Ihrer Untersuchung sein, eine Zusammenfassung (die aber sinnvollerweise nicht mit der eingangs gebrachten Quintessenz identisch ist), eine ausführliche und erneute Wiederholung Ihrer Thesen (ebenfalls nicht identisch mit dem Anfang), einen Aktionsplan oder eine Aufforderung zum Handeln beinhalten.

Auch hier können Sie noch einmal einen starken Eindruck beim Leser hinterlassen, indem Sie mit einer konkreten Begebenheit enden. Gibt es ein Zitat oder ein Erlebnis, das das Wesentliche Ihres Konzeptes anschaulich zusammenfasst? Oder hat die Geschichte, mit der Sie als Aufhänger Ihr Konzept begonnen haben, eine Fortsetzung oder ein „Happy End“?

Zu den **Anlagen** schließlich gehören, sofern vorhanden,

- ein Literatur- oder Quellenverzeichnis,
- ein Verzeichnis wichtiger Internetseiten,
- umfangreiches statistisches Material, das im Text nur stören würde und ohnehin kaum gelesen wird,
- ein Glossar wichtiger Fachbegriffe oder Akürzungen und / oder
- ein Stichwort- oder Personenverzeichnis, das insbesondere für Texte ab 100 Seiten Länge zum Wiederauffinden von Informationen nützlich ist.

Fußnoten und Anmerkungsapparate sollten Sie nach Möglichkeit vermeiden; sie machen einerseits einen hochwissenschaftlichen Eindruck und sind andererseits lästig beim Lesen, weil sie häufiges Blättern verursachen.

Auf den Punkt gebracht

Ein Kardinalfehler vieler Konzepte liegt darin, wesentliche Aussagen so zu „verstecken", dass sie irgendwo im langen Text völlig untergehen oder erst ganz am Schluss genannt werden. Dies führt bei der heutigen Zeitknappheit dazu, dass viele Konzepte gar nicht mehr zur Kenntnis genommen oder bearbeitet werden, sondern einfach unerledigt oder halb gelesen liegen bleiben. Denn häufig reicht die Zeit nicht aus, alles zu lesen, um die wesentlichen Informationen herauszufiltern!

Die Erstellung einer Gliederung dient dazu, die wichtigen Aussagen überdeutlich hervorzuheben und das ganze Konzept auf den Leser, seinen Kenntnisstand und seine begrenzte Arbeits- sowie Zeitkapazität zuzuschneiden. Außerdem erleichtert es die nachfolgende Arbeit des Schreibens.

Das Inhaltsverzeichnis festlegen

Die einleitenden Punkte 1 bis 4 im Inhaltsverzeichnis (Titel und Untertitel, Inhaltsverzeichnis, These(n) und Quintessenz) sind in ihrer Abfolge bereits festgelegt; für sie müssen Sie lediglich noch zugkräftige Überschriften finden. Jetzt geht es besonders darum, die Punkte 5 bis 7 (Einführung, Hauptteil und Schluss) sinnvoll zu gliedern und Unterüberschriften zu finden.

Es ist wichtig, den Inhalt gerade dieser Kernelemente des Konzeptes klar und sauber zu gliedern, und zwar *bevor* Sie mit dem Schreiben anfangen. Wenn Sie versuchen, Zeit zu sparen, indem Sie auf ein Inhaltsverzeichnis verzichten und sich beim Ausformulieren auf Ihre spontanen Eingebungen verlassen, dann buttern Sie die gesparte Zeit nachher erfahrungsgemäß doppelt und dreifach wieder hinein.

Mit einem vorab erstellten Inhaltsverzeichnis sparen Sie Zeit beim Schreiben.

Machen Sie sich Gedanken, wie sich der Inhalt Ihres Konzeptes für Ihre Leser am sinnvollsten erschließt: Welche Fakten oder Informationen sind Ihren Lesern schon bekannt, welche noch nicht? Worauf können Sie aufbauen, was können Sie voraussetzen? Was müssen Sie zuvor, zum Beispiel in der Einführung, erläutern, um dann nachfolgend argumentativ darauf aufbauen zu können?

Grundsätzlich gibt es sechs verschiedene Möglichkeiten, ein Inhaltsverzeichnis aufzubauen, zwischen denen Sie auswählen können:

- chronologisch:
  nach der zeitlichen Abfolge der Fakten
- hierarchisch:
  was ist am wichtigsten, was weniger wichtig?
- deduktiv:
  Behauptung, Beweis, Schlussfolgerung
- strukturell:
  nach Arten, zum Beispiel 1. München, 2. Hamburg, 3. Berlin
- argumentativ:
  Pro und Kontra
- didaktisch:
  Schritt für Schritt nach dem Verständnis des Lesers, der als Laie langsam ans Thema herangeführt werden muss.

Bei der Gliederung des Inhalts sollten Sie vor allem darauf achten, Überschneidungen und Wiederholungen zu vermeiden. Kapitel 2 sollte nicht etwas voraussetzen, was in Kapitel 5 erst erklärt wird. Ist dies nicht ganz unumgänglich, so kann ein Glossar am Ende des Konzeptes Abhilfe schaffen, indem es die wichtigsten Fachbegriffe und Sachverhalte erklärt.

Für jedes Kapitel sollten Sie eine Überschrift finden und die Anzahl der Unterkapitel festlegen. Generell sollte die Überschriftenhierarchie nicht mehr als drei Grade umfassen (1., 1.1, 1.1.1), um den Leser nicht zu verwirren.

Bei mehr als drei Graden hat jeder Leser Probleme, die logischen Zusammenhänge noch klar voneinander zu differenzieren.

Insgesamt sollte das Inhaltsverzeichnis einen ausgewogenen Eindruck machen. Wenn zum Beispiel ein Kapitel keine Unterkapitel, das nächste dafür 20 und das übernächste 7 Unterkapitel hat, sieht das nicht ausgewogen aus. Die Länge der jeweiligen Unterkapitel hängt von der Länge des Gesamtkonzeptes ab. Umfasst es mehr als 100 Seiten, so wird sicher jedes Unterkapitel mehrere Seiten haben; bei einem kurzen Konzept kann jedes einzelne Unterkapitel gegebenenfalls nur einen einzigen Textabschnitt umfassen.

Unausgewogen wirkt es auch, wenn die Einführung bereits 20 Seiten hat, der Hauptteil aber nur zwei Seiten mehr. In der Ausgewogenheit liegt eine gewisse Ästhetik, die jeden Leser für sich einnimmt.

Das Inhaltsverzeichnis spielt bei der Entscheidung des Empfängers, ob er das Konzept lesen will, eine strategisch wichtige Rolle. Denn nach Titel und These(n) ist es in der Regel das erste, was er wahrnimmt. Daher sollte es auch ansprechend gestaltet sein. Alles, was bereits im Inhaltsverzeichnis stören könnte, Anlass zu Fragen gibt oder ungereimt erscheint – unverständliche Fachbegriffe oder widersprüchliche Thesen beispielsweise – kann dazu führen, dass Ihr Konzept nicht oder nicht gründlich gelesen wird.

Das Inhaltsverzeichnis ist das „Skelett", dem Sie anschließend durch Ihre Ausformulierungen die „Organe und Muskeln" hinzufügen. Die klare Gliederung bringt Ihnen Vorteile: Sie können an beliebiger Stelle zu schreiben beginnen und müssen nicht mit der Einführung anfangen; ohnehin ist es einfacher, sowohl die Einführung als auch die Quintessenz erst am Schluss auszufomulieren, wenn Sie bereits alles Übrige schriftlich festgehalten und daher einen Überblick über das Ganze haben.

Halten Sie sich nicht zu sklavisch an Ihr Inhaltsverzeichnis. Es ist fast immer so, dass sich der Stoff beim Schreiben unter der Hand ein wenig verändert und das Einfügen oder Umstellen von Kapitelelementen nötig ist.

Auf den Punkt gebracht

Wenn Sie Ihr Inhaltsverzeichnis erstellt haben, sollten Sie alle Unterlagen, die Sie für das Ausformulieren benötigen, aus Ihrem Informationssystem herausziehen und separat abheften, und zwar in der Reihenfolge des Inhaltsverzeichnisses und der einzelnen Kapitel. Sie müssen also Ihr bisheriges Informationssystem noch einmal – zum letzten Mal – umorganisieren. Auf diese Weise ersparen Sie sich längere Suchaktionen, die Ihren Schreibfluss unterbrechen, und vergessen auch keine wichtigen Fakten.

Ein Tipp: Erstellen Sie nicht nur für Ihr gesamtes Konzept ein Mindmap oder ein Vistem-Visual, sondern auch gesondert für jedes *einzelne* Kapitel, bevor Sie jeweils zu schreiben beginnen.

Schreibblockaden überwinden und loslegen

Nun könnten Sie eigentlich mit dem Ausformulieren beginnen – wenn da nicht diese seltsame Lähmung im Kopf und in den Fingern wäre, die einen immer wieder zögern lässt anzufangen … Falls Sie auch zu den Menschen gehören, denen das Schreiben wenig oder gar keinen Spaß macht und die deshalb dazu neigen, es vor sich herzuschieben, können Ihnen die folgenden Methoden helfen. Falls Sie keine Probleme mit dem Schreiben haben, gehen Sie zum nächsten Kapitel 7 „Das Konzept ausformulieren" über.

Wenn Sie Ihr Konzept auf ein Band diktieren, um es von jemand anderem schreiben zu lassen, müssen Sie es nachher unbedingt kritisch durchlesen und überarbeiten. Denn das gesprochene Wort ist meist nicht so durchdacht wie das geschriebene; es gibt häufig Wiederholungen oder Widersprüche, die einem beim Diktieren gar nicht auffallen, und manche Gedankengänge und Bezüge haben nicht den gewünschten Grad an Klarheit, den die Leser erwarten. Die folgenden Methoden richten sich an alle, die ihr Konzept selbst schriftlich ausarbeiten.

Zur Überwindung von Schreibblockaden empfiehlt sich das **Freewriting:** Schreiben Sie zehn Minuten lang zu einem *beliebigen* Thema Ihrer Wahl, und zwar so schnell Sie können. Wählen Sie bewusst ein Thema, das nichts mit Ihrem Konzept zu tun hat. Kümmern Sie sich beim Schreiben nicht um Wortwahl, Rechtschreibung, Grammatik oder Stil. Es spielt keine Rolle, ob Sie ganze Sätze oder nur Satzfragmente niederschreiben. Lesen und korrigieren Sie nichts an Ihrem Text, während Sie schreiben. Wenn Ihnen zwischendurch nichts einfällt, schreiben Sie einfach: „Mir fällt nichts ein nichts ein, mir fällt nichts ein" – bis Ihnen eine neue Idee kommt. Zwingen Sie sich, ohne Pause weiterzuschreiben. Das Hauptziel beim Freewriting ist nicht der Text selbst, sondern die Textproduktion zum Fließen zu bringen. Wenn Sie sich „warm gelaufen" haben, können Sie zu Ihrem Konzept übergehen und Ihren Text ausformulieren.

Durch Freewriting können Sie Schreibblockaden überwinden und den Schreibfluss in Gang bringen.

Eine andere Methode, mit der Sie den Schreibfluss in Gang bringen können, ist das von Gabriele Rico entwickelte **Clustering.** Ein Cluster sieht auf den ersten Blick einem Mindmap ähnlich, wurde allerdings speziell zur Entwicklung der sprachlichen Kreativität entwickelt.

Unter Clustering versteht man das „Knüpfen von Ideennetzen", das hilft, ein rein logisches, auf Ordnung bedachtes begriffliches Denken zu umgehen und mit Bildern, Gefühlen und im Gedächtnis gespeicherten Erlebnissen in Kontakt zu kommen. Durch die Anwendung des Clusterings ist es möglich, sich lebendig und bildhaft auszudrücken.

„Cluster" ist die Bezeichnung für die nichtlinearen Verknüpfungen um ein Sturmzentrum von Bedeutungen, das als „Kern" bezeichnet wird. Das Cluster entfaltet sich um einen Mittelpunkt herum wie Wellenringe, wenn man einen Stein ins Wasser wirft (siehe Abbildung 5, Seite 44).

Clustering hilft Ihnen beim Sammeln von Einfällen.

Wenn Sie zum Beispiel noch nicht wissen, wie Sie ein Kapitel oder Unterkapitel ausformulieren sollen, beginnen Sie mit einem zentralen Begriff als Kern, den Sie auf eine leere Seite schreiben und mit einem Kreis umgeben. Dann lassen Sie sich treiben und schreiben spontan und schnell alle Ihre Einfälle zu diesem Begriff auf, und zwar in Form einzelner Wörter, die Sie jeweils umkreisen. Vom Mittelpunkt aus fließen nun Ihre Assoziationen in alle Richtungen und bilden dabei Äste, indem Sie jedes neue Wort oder jede neue Wendung durch einen Strich oder Pfeil mit dem vorigen Kreis verbinden.

Fällt Ihren vorübergehend nichts ein, so kritzeln Sie ein wenig herum oder ziehen die schon vorhandenen Kreise dicker. Der entspannte Zustand ruft eine Welle von Assoziationen hervor. An irgendeinem Punkt wird Ihnen schließlich schlagartig klar, wie Sie Ihr Kapitel oder Unterkapitel am besten „angehen". Hören Sie dann sofort mit dem Clustering auf und fangen Sie an, Ihren Text zu schreiben. Auch diese Methode arbeitet stark mit dem Unbewussten.

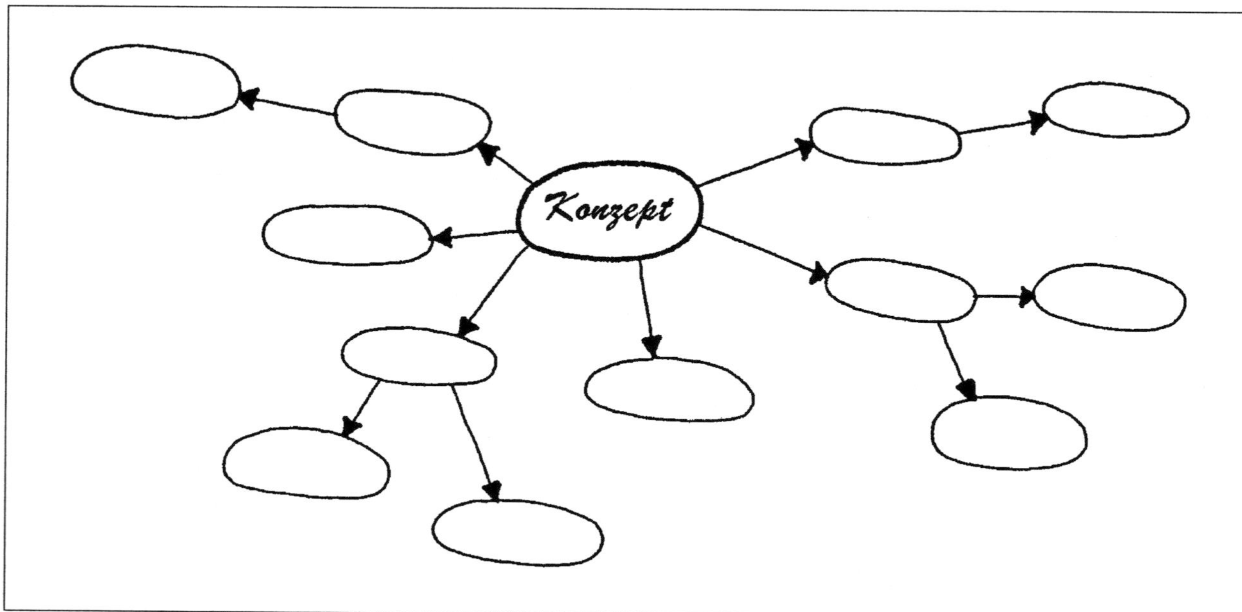

Abb. 5: Ein Beispiel-Cluster – in die Mitte schreiben Sie Ihren zentralen Begriff oder Ihr Thema, in die übrigen Kästen Ihre Assoziationen dazu. Fügen Sie nach Belieben weitere Kästen hinzu.

Für das nächste Mal

Gut vorbereitet ist schon halb geschrieben. Je gründlicher Sie Ihr Konzept vor dem Ausformulieren inhaltlich planen, desto müheloser geht nachher der Schreibprozess vonstatten. Selbst wenn Sie unter großem Zeitdruck stehen, sollten Sie es daher nicht versäumen, eine Gliederung und ein Inhaltsverzeichnis mit allen notwendigen Punkten und Unterpunkten zu erstellen. Verwenden Sie dazu auch die in Kapitel 4 („Informationen inhaltlich strukturieren und ordnen") vorgestellten Methoden.

Wenn Sie an Ihrer Schreibfähigkeit zweifeln und innerlich mit einer Blockade in Form von Aufschieberei, Schreibunlust oder mangelnder Produktivität reagieren, dann wenden Sie zu Beginn spezielle Kreativitätsmethoden wie Freewriting oder Clustering an. Auch einen ins Stocken geratenen Schreibfluss können Sie mit diesen Methoden wieder aktivieren.

7. Das Konzept ausformulieren

Die Informationen sind gegliedert, das Inhaltsverzeichnis erstellt und die Schreibblockaden aufgelöst. Damit haben Sie schon die wichtigsten Hürden auf dem Weg zu Ihrem Konzept genommen!

Die Sprache – Stil, Wortwahl und Syntax – ist ein Mittel, um die Reaktion Ihrer Leser auf Ihr Konzept zu steuern und in gewünschter Weise zu beeinflussen. Ideal ist es, wenn es Ihnen gelingt, verständlich und klar zu formulieren, also aus der Sicht Ihrer Zielgruppe zu schreiben. Machen Sie sich daher noch einmal klar: Wer wird / soll Ihr Konzept lesen, wer ist also Ihre Zielgruppe? Wie ist der derzeitige Kenntnisstand Ihrer Leser? Was erwartet Ihre Zielgruppe stillschweigend von Ihnen? Worauf müssen Sie dementsprechend beim Ausformulieren achten?

Auch wenn Ihre Zielgruppe wissenschaftliche Ansprüche an Ihr Konzept erheben sollte – was sicher eher die Ausnahme als die Regel ist –, muss Ihr Konzept auf jeden Fall verständlich sein. Schwieriges Fachchinesisch und komplizierte Satzstrukturen mögen zwar den Anschein von Wissenschaftlichkeit erwecken, machen einen Text jedoch schwer verständlich, weil sie ein hohes Maß an Lesekonzentration erfordern. In der Regel sollte Ihr Konzept in *gepflegter Umgangssprache* formuliert sein, die Ihre Leser auch nach einem langen anstrengenden Arbeitstag noch mühelos verstehen können.

Die Wissenschaftlichkeit Ihrer Arbeit bemisst sich eher daran, wie sorgfältig Sie recherchiert und nachgedacht haben und wie gut begründet die von Ihnen aufgestellten Thesen sind, als daran, wie „verklausuliert" Sie sich ausdrücken. Der sprachliche Stil sollte so natürlich sein, wie Sie auch im Alltag sprechen oder vortragen.

Treffende Wörter, klare Sätze, schlüssige Absätze, lebendige Bilder und gekonnte Visualisierungen machen einen guten Stil aus. Wenn es Ihnen schwer fällt, die nachfolgenden Hinweise bereits während des Ausformulierens zu beachten, sollten Sie Ihren Text nach Fertigstellung im Hinblick auf die genannten Kriterien gründlich überarbeiten.

Treffende Wörter

Formulieren Sie prägnant und verständlich.

- Vermeiden Sie Bürokratendeutsch. Bei Wörtern wie „in Bezug auf", „betreffend" und „diesbezüglich" wiehert der Amtsschimmel.
- Umgehen oder ersetzen Sie Anglizismen. „Beim *Downloaden* der *Infoline* von der *Homepage* wird klar, dass wir einen *All-in-one-Service* mit *Human Touch* für *User* bieten sollten." Nicht zuletzt aufgrund des Internets feiern aus dem Englischen stammende Wörter im Deutschen fröhliche Urständ. Viele Begriffe lassen sich nicht ins Deutsche übersetzen, doch wo immer möglich sollten Sie deutsche Wörter verwenden – nicht zuletzt deshalb, weil die Anglizismen meist nur Nomen, aber keine Verben bilden und daher einen hölzernen Stil bewirken. Wurde die Infoline „downgeloadet" oder „downgeloaded", „gedownloaded" oder eher „gedownloadet"*?* Ganz einfach: sie wurde *heruntergeladen*!
- Ersetzen Sie abstrakte durch konkrete Beschreibungen. Wenn Sie zum Beispiel von „Synergieeffekten bei Kosteneinsparungen" schreiben, so kann sich niemand etwas Konkretes darunter vorstellen. Schreiben aber, dass „30 Prozent der Kosten eingespart werden könnten, sofern man die Innen- und die Außendienstschulung zusammenlegt", so ist dies konkret und verständlich.
- Ersetzen Sie passive Satzkonstruktionen durch aktive. Schreiben Sie nicht: „Es findet Anwendung", sondern „Wir wenden im Bereich AB … an".
- Vermeiden Sie unlebendige Verben wie „durchführen", „sich befinden", „sein", „erfolgen".

„Man gebrauche gewöhnliche Worte und sage ungewöhnliche Dinge“ (Arthur Schopenhauer).

Klare Sätze

Ausgesprochenes Schriftdeutsch zeichnet sich durch komplizierte undurchsichtige Satzkonstruktionen aus, die meist so formuliert sind, dass man am Ende des Satzes dessen Anfang schon wieder vergessen hat. Vermeiden Sie solche Bandwurmsätze mit verschachtelten Elementen.

Das entgegengesetzte Extrem ist der Telegramm- oder Asthmastil, der sich vor allem durch die Werbung im Deutschen eingeschlichen hat. Dabei werden kurze, teilweise unvollständige Sätze hintereinandergereiht: „Wir helfen Ihnen weiter. Ob Immobilien oder Kapitalanlage. Auf uns können Sie bauen. Immer.“ Die Überstrapazierung des Punktes als Satzzeichen in der Werbung beruht einerseits auf gezielter Effekthascherei, andererseits auf einem Mangel an Platz. Wenn Ihr Konzept nicht gerade aus einem Werbetext besteht, sollten Sie den Punkt als Satzzeichen nur in Ausnahmefällen als Stilmittel verwenden, denn Leser von Konzepten erwarten in der Regel längere Gedanken- und Argumentationsgänge.

Monoton wird es, wenn Sie mehrere Hauptsätze unverbunden aneinanderreihen: „Marken werden immer wichtiger. Der Wettbewerb wird härter. Unser Unternehmen bemüht sich um Markenprodukte.“ Diese Sätze lassen sich logisch und syntaktisch elegant miteinander verbinden: „Da der Wettbewerb immer härter wird, gewinnen Marken an Bedeutung. Deshalb bemüht sich auch unser Unternehmen in wachsendem Maße um Markenprodukte.“

Optimal ist es, wenn Sie jeden Hauptsatz mit ein bis zwei Nebensätzen verknüpfen. So bleiben Ihre Sätze übersichtlich und klar, ohne monoton zu werden.

Verknüpfen Sie jeden Hauptsatz mit ein bis zwei Nebensätzen.

Sinnvolle Absätze

Ein Text ohne Absätze funktioniert genauso schlecht wie eine Autobahn ohne Abfahrten, Raststätten und Hinweisschilder. Bilden Sie daher für jeden Gedanken einen eigenen Absatz. Dabei ist es wichtig, dass die Absätze überschaubar und nicht seitenlang sind. Mehrere Absätze pro Seite sind üblich.

Wichtige Aussagen im Text können Sie hervorheben, indem Sie einzelne Absätze mit Marginalien versehen. Sie stehen auf dem Seitenrand des Fließtextes und geben wesentliche Inhalte verkürzt wieder.

Für gleichartige Informationen bietet es sich an, Aufzählungen oder Tabellen statt längerer Erläuterungen in Textform zu wählen. Beispiele für Tabellen und Matrizes finden Sie in Kapitel 5 „Informationen gewichten und interpretieren“.

Formulieren Sie einfach, klar und prägnant.

Lebendige Bilder

Eine Kunst ist es, anschauliche Beispiele und einprägsame Vergleiche zu finden, die dem Leser im Gedächtnis haften bleiben. Gerade sie sind es, die einen Text lebendig machen. Insbesondere ein trockener oder abstrakter Stoff und wenig anschauliches Zahlenmaterial werden durch Bilder anschaulich und verständlich.

- „*Wie Dominosteine* kippten die Währungen in den Ländern der Dritten Welt um."
- „Aus 200 Metern Höhe nahmen die Autos die Größe von *Stecknadelköpfen* an."
- „8000 Kilometer, das ist etwa so weit wie *von Bonn nach Moskau*."

Viele Metaphern gehören mittlerweile schon zum Alltagssprachgebrauch und werden damit nicht mehr als lebendig empfunden. Der *Computervirus*, das *globale Dorf*, die *Geldwäsche* und die *Servicewüste* sind uns gewissermaßen so in Fleisch und Blut übergegangen, dass sie kaum noch Interesse oder Spannung erwecken. Daher gilt es vor allem, originelle, neue Bilder zu finden, die ungewohnte Assoziationen wecken, z.B.:

- „Mit der A-Klasse hat der Autohersteller ein *krankes Kind* geboren."
- „Unser neuer Palmtop ist so groß wie ein *10-Euro-Schein* und so leicht wie ein *Schwamm*."

Der im letzten Kapitel empfohlene Aufhänger, mit dem Sie Ihre Einführung beginnen sollten, hat bildhaften, anschaulichen Charakter.

Gekonnt visualisieren

Von rein sprachlichen Bildern zu „echten" Bildern ist es nur ein kleiner Schritt. Abbildungen lockern nicht nur den Text auf, sondern sprechen auch die rechte Großhirnhemisphäre an und tragen somit dazu bei, dass Informationen ganzheitlich und schnell aufgenommen werden. Zudem können sie Stimmungen und Gefühle beim Leser wecken.

Daher sollten Sie, wo immer möglich, Balken- und Tortendiagramme, Cliparts, Fotos und anderes Bildmaterial in Ihrem Konzept verwenden und an der jeweiligen Stelle im Text – nicht im Anhang – platzieren.

Achten Sie darauf, dass Ihre Bilder nicht nur „dekorativ", sondern auch „aussagekräftig" sind. Viele Leute haben heute die Neigung, selbstverständliche Begriffe und Situationen in ihren Texten und Vorträgen permanent durch Cliparts zu „veranschaulichen". Wenn zum Beispiel in Ihrem Konzept von einem *Meeting* die Rede ist, sollten Sie kein Clipart verwenden, auf dem fünf Menschen an einem Tisch sitzen und auf eine Tafel gucken. Jeder weiß, was ein Meeting ist – ein solche Abbildung ist lediglich dekorativ, aber nicht informativ und daher überflüssig.

Wenn Ihr Konzept hingegen die Vor- und Nachteile möglicher neuer Firmenstandorte erörtert, so sind Fotos der verschiedenen Standorte keineswegs nur dekorativ, sondern auch aussagekräftig. Sie zeigen auf einen Blick das gesamte Umfeld und machen gewisse Vorzüge und Nachteile des jeweiligen Standortes sichtbar. Das ist für alle Leser informativ – insbesondere natürlich für solche, die die Standorte nicht selbst in Augenschein nehmen können.

Aussagekräftige Abbildungen bringen dem Leser neue Informationen, dekorative Abbildungen hingegen nicht.

Ein Tipp: Wenn es Ihnen an Bildmaterial fehlt, so können Sie leicht und mühelos Fotos und andere Abbildungen im Internet durch Eingabe geeigneter Suchbegriffe finden. Innerhalb der Grenzen des Urheberrechts – das heißt, sofern Sie Ihr Konzept nicht vervielfältigen und kommerziell verkaufen – dürfen Sie solche Bilder verwenden. Im Falle einer kommerziellen Verwertung des Konzeptes müssen Sie zuerst beim jeweiligen Urheber die manchmal kostenpflichtigen Abdruckrechte einholen.

Das Konzept überarbeiten und präsentieren

Wenn Sie Ihr Konzept fertig ausformuliert haben, sollten Sie es noch einmal gründlich durchlesen und überarbeiten. Enthält es wirklich alle wichtigen Informationen, Statistiken und Grafiken oder haben Sie etwas vergessen? Überprüfen Sie dies anhand Ihrer Gliederung, Ihrer Unterlagen, Ihrer Mindmaps und so weiter. Überprüfen Sie, ob alle Seiten vollständig vorliegen. Ist das Konzept für jeden Leser inhaltlich nachvollziehbar und verständlich? Geben Sie Ihr Konzept einem Kollegen oder Ihrer Sekretärin zur Durchsicht und Korrektur, bevor Sie es Ihren Lesern offiziell vorlegen.

Die Art und Weise der Präsentation ist für den Erfolg Ihres Konzeptes mitentscheidend. Zwar muss es prinzipiell nicht immer die sprichwörtliche Hochglanzbroschüre sein, aber die Art der Präsentation sollte dem jeweiligen Zweck angemessen sein. Generell gilt:

Je größer die Bedeutung, je höher der Stellenwert Ihres Konzeptes, desto aufwändiger die Präsentationsform.

Handelt es sich um einen simplen kurzen Routinebericht, der nach der Lektüre nur abgeheftet wird, so genügt ein einfacher zusammengehefteter Ausdruck aus dem PC. Ist Ihr Konzept jedoch die Entscheidungsvorlage für ein Vier-Millionen-Euro-Projekt des Vorstandes, so sollten Sie sich schon mehr einfallen lassen: Verwenden Sie ein ansprechend gestaltetes Deckblatt mit Titel und Untertitel, mehrfarbige Abbildungen im Text und binden Sie das Ganze mit Spiralhefter oder Thermobinder. Für kurze Texte von wenigen Seiten erhalten Sie ansprechende Präsentationsmappen im Fachhandel.

Ein Wort zur Typografie: Bei der Arbeit mit dem Computer ist es heute eine große Versuchung, eine Vielzahl unterschiedlicher Schriften in einem einzigen Text einzusetzen, weil man dies und jenes hervorheben möchte. Das sieht jedoch vom Layout her nicht nur unprofessionell aus, sondern verursacht auch ein unruhiges Schriftbild, das dem Leser bei längerer Lektüre in den Augen schmerzt und eher verwirrend als klärend wirkt.

Beschränken Sie sich daher auf *maximal zwei unterschiedliche Schriften* und verwenden Sie zur inhaltlichen Hervorhebung von Aussagen lediglich **Fettdruck** oder *Kursivsetzungen*, aber keine Unterstreichungen oder zusätzliche Schriften. Als Alternative für weitere Hervorhebungen sind Zwischenüberschriften und Marginalien (Randüberschriften) geeignet.

Haben Sie Ihr Konzept fertig ausformuliert und überprüft, sämtliche inhaltlichen und formalen Kriterien berücksichtigt und das Ganze in eine ansprechende Präsentationsform gebracht? Wenn ja, herzlichen Glückwunsch! Ihr Konzept ist fertig und Sie können es nun an Ihre Leser verteilen.

Für das nächste Mal

- Formulieren Sie Ihr Konzept leicht verständlich, indem Sie prägnante Wörter verwenden und auf unverständliches Fachchinesisch so weit wie möglich verzichten.
- Konstruieren Sie überschaubare Sätze, indem Sie jeweils einen Hauptsatz mit ein bis zwei Nebensätzen kombinieren.
- Bilden Sie für jeden Gedanken einen eigenen Absatz.
- Vergleiche und sprachliche Bilder (Metaphern) machen einen Text ebenso anschaulich wie die gekonnte Wahl informativer, nicht nur dekorativer Abbildungen.
- Überarbeiten Sie Ihr Konzept gründlich und lassen Sie es auch von unbeteiligten Dritten zur Korrektur gegenlesen.
- Wählen Sie eine Präsentationsform, die der Bedeutung Ihres Konzeptes angemessen ist.

8. Wenn Sie nur einen halben Tag Zeit haben

Ein halber Tag Zeit für die Ausarbeitung eines Konzeptes kann lang oder kurz sein. Wenn Sie ein 200-seitiges Konzept ausformulieren müssen, so ist er in der Tat *zu* kurz, denn Sie haben definitiv zu spät mit der Ausarbeitung begonnen, um innerhalb von vier bis fünf Stunden einen so langen Text zu konzipieren und zu schreiben! Umfasst Ihr Konzept jedoch nur 15–80 Seiten, so können Sie es locker schaffen.

Erste Voraussetzung: Sie geraten jetzt nicht in Panik oder operative Hektik, sondern bleiben ruhig und besonnen. Setzen Sie sich für jeden der Arbeitsschritte ein striktes Zeitlimit.

Zweite Voraussetzung: Sie delegieren so viel Arbeit wie möglich an Kollegen, Praktikanten, Sekretärin und andere verfügbare interne und externe Mitarbeiter, um selbst mehr Zeit zu gewinnen, besonders für die Interpretation der Informationen.

Delegieren Sie so viele Arbeitsschritte wie möglich.

Verfallen Sie nicht in den Fehler, aufgrund von Zeitdruck oberflächlich zu arbeiten, indem Sie beliebige Informationen zusammentragen, diese willkürlich oder eingleisig interpretieren und dann schlecht und recht einen Text zusammenschustern. Gerade unter Zeitdruck ist es wichtig, methodisch zu verfahren, um einen hohen Qualitätsstandard aufrechtzuerhalten anstatt „Kuddelmuddel" zu produzieren!

- Suchen Sie innerhalb der ersten Stunde alle Informationen zusammen, die Sie für Ihr Konzept brauchen. Konzentrieren Sie sich auf die wirklich wichtigen Informationen und leicht zugängliche firmeninterne wie auch -externe Quellen. Delegation ist höchst empfehlenswert und effizient!
- Sortieren Sie innerhalb einer halben Stunde die Unterlagen, ohne sie zu lesen, indem Sie sie in ein einheitliches Ordnungssystem bringen und an einem Ort in Ihrem Arbeitszimmer sammeln. Auch diese Arbeit kann sehr gut delegiert werden!
- Durch rationelles zügiges Lesen verschaffen Sie sich innerhalb der nächsten Stunde einen Überblick. Bereits während des Lesens legen Sie ein Mindmap an, um alle Informationen in eine übersichtliche Struktur zu bringen.
- Nun kommt das Schwierigste und Zeitaufwändigste: die schlüssige Interpretation der Informationen, die Sie *nicht* delegieren können! Denn es ist ja Ihre Hauptaufgabe, durch Ausarbeitung Ihres Konzeptes zu neuen Ergebnissen zu gelangen. Diese zu finden, kann Ihnen niemand abnehmen, denn *Sie* sind der Experte auf dem betreffenden Gebiet. Nehmen Sie sich eine Stunde Zeit und wählen Sie zur Interpretation eine geeignete Methode von denen, die im Kapitel 5 („Informationen gewichten und interpretieren") vorgestellt wurden. Idealerweise finden Sie bereits dadurch zur Lösung.
- Ist das nicht der Fall, empfehle ich Folgendes: Wenn Sie nicht mehr weiterkommen, legen Sie eine Pause ein. Schließen Sie die Augen und entspannen Sie sich 5–10 Minuten (auf die kommt es jetzt auch nicht mehr an!). Denken Sie an etwas anderes als an Ihr Konzept. Oder gehen Sie in die Mittagspause. Erteilen Sie Ihrem Unterbewusstsein *vorher* die Aufgabe, die richtige Lösung für Sie zu finden. Nehmen Sie nach der Entspannungspause Ihre Unterlagen wieder zur Hand und schauen sich alles noch einmal an. Oft fällt einem dann spontan die Lösung ein – die Fakten springen sozusagen von allein in die richtige Ordnung, die Sie nun kurz in Stichworten oder als Mindmap schriftlich fixieren sollten.

- Das Schwierigste haben Sie jetzt bereits geschafft, nun können Sie wiederum vieles delegieren. Erstellen Sie die Gliederung für Ihr Konzept und bringen Sie die zum Ausformulieren notwendigen Unterlagen in die richtige Reihenfolge. Wenn Sie noch genügend Zeit haben, dann formulieren Sie jetzt Ihren Text aus.
- Sind Sie darin jedoch nicht schnell genug, dann gibt es bessere Lösungen: Diktieren Sie den Text auf Band, und lassen Sie ihn von jemand anderem schreiben. Oder lassen Sie verschiedene Kapitel Ihre Konzeptes von verschiedenen Personen jeweils komplett ausformulieren. Sofern Sie ihnen jeweils das Inhaltsverzeichnis und vollständige Unterlagen inklusive Ihrer Interpretation übergeben, funktioniert dies.
- Zum Schluss überarbeiten Sie alles noch einmal oder führen die von unterschiedlichen Leuten verfassten Textelemente zu einem homogenen Ganzen zusammen. Achten Sie auf eine geeignete und äußerlich ansprechende Präsentationsform. Voilà – fertig ist Ihr Konzept!

9. Wenn Sie nur eine Stunde Zeit haben

Eine Stunde reicht gerade aus, um ein kurzes Konzept zu konzipieren oder um ein bereits gut vorbereitetes Konzept auszuformulieren. Müssen Sie bei Null anfangen, also erst einmal Ihre Informationen zusammensuchen, so verfahren Sie, wie im letzten Kapitel beschrieben, setzen aber kürzere Zeitfristen. Delegieren ist bei einer so kurzen Frist von noch größerer Bedeutung.

- Informationen recherchieren und zusammenstellen: 10 Minuten
- Informationen lesen, strukturieren und in Form eines Mindmaps ordnen: 10 Minuten
- Informationen gewichten und interpretieren: 20 Minuten
- Das Konzept ausformulieren: 20 Minuten

In einer so kurzen Zeit ist es ausgeschlossen, einen längeren, mehrseitigen Text in ganzen Sätzen auszuformulieren. Jetzt müssen Sie improvisieren: Stellen Sie den Inhalt Ihres Konzeptes grafisch so dar, dass Sie nur Stichwörter benötigen. Ideal sind hierfür die in Kapitel 4 („Informationen inhaltlich strukturieren und ordnen“) vorgestellten Methoden Mindmapping oder Vistem. Für ein Mindmap oder ein Vistem-Visual genügen Schlüsselwörter, die Sie lediglich in einer sinnvollen und nachvollziehbaren Ordnung schriftlich fixieren müssen. Wählen Sie diese Wörter so, dass sie von der Zielgruppe Ihres Konzeptes verstanden werden und dass Ihre Interpretation der Unterlagen klar daraus hervorgeht.

Verwenden Sie ergänzend zu den Schlüsselwörtern Symbole, Grafiken und Abbildungen – Fotos, Cliparts, was immer Sie schnell zur Hand haben –, die Sie in Ihr Mindmap oder Ihr Visual an der jeweiligen Stelle einbinden. Die Visualisierung unterstützt das Verständnis Ihres Konzeptes auch ohne Worte. Achten Sie darauf, dass Ihre Abbildungen nicht nur dekorativ, sondern inhaltlich aussagekräftig sind. Denn es kommt nicht darauf an, Ihr Konzept mit bunten Bildchen zu garnieren, sondern darauf, dass Sie inhaltlich verstanden werden!

Mindmaps oder Visuale, verbunden mit Abbildungen, ersparen Ihnen lange Texte.

Dieses Mal muss die kurze Vorbereitungszeit ausreichen. Jetzt können Sie nur noch hoffen, dass Ihnen die Präsentation gut gelingt und Sie eventuelle Schwächen des Konzeptes gekonnt überspielen können. Beim nächsten Mal sollten Sie sich mehr Zeit nehmen!

Für das nächste Mal

Vermeiden Sie es in Zukunft, Konzepte innerhalb so kurzer Zeit ausarbeiten zu müssen. Beginnen Sie entweder früher oder setzen Sie für die Übergabe des Konzeptes einen späteren Termin an.

Falls Sie bestimmte Konzepte in regelmäßigen Abständen immer wieder erstellen müssen, so legen Sie sich ein festes Gliederungsraster an, in das Sie die neuen Informationen jeweils nur einpassen müssen. Sammeln Sie außerdem *regelmäßig*, zum Beispiel täglich oder wöchentlich, die benötigten Informationen, um bei der Recherche Zeit zu sparen und stattdessen für die beiden Schlüsselaufgaben Interpretation und Ausformulierung mehr Zeit zu gewinnen.

10. Weiterführendes Literatur- und Internetverzeichnis

Literatur

Buzan, Tony: ***Kopftraining. Anleitung zum kreativen Denken. Tests und Übungen. München:*** **Mosaik, 1999.**
Tony Buzan ist der Erfinder des Mindmappings, einer Methode, die im 4. Kapitel vorgestellt wird. Mit Hilfe dieses Buches ist das Mindmapping anhand vieler praktischer Übungen erlernbar.

Buzan, Tony / Vanda North: ***Business Mind Mapping.*** **Wien: Ueberreuter, 1999.**
In diesem Buch wird Mindmapping auf das Business angewandt.

Klug, Sonja: ***Ein Buch ist ein Buch ist ein Buch ... Der erfolgreiche Weg zum eigenen Sachbuch.*** **Zürich: Orell Füssli, 2002.**
Wenn Ihr Konzept ein Buchmanuskript ist und Sie nach Wegen zur Veröffentlichung Ihres Buches, nach Verlagen und Dienstleistern suchen oder sich über Autorenverträge und Pressearbeit informieren wollen, so finden Sie hier umfangreiche Hilfen inklusive 200 weiterführender Internet-Adressen.

Minto, Barbara: ***Das Pyramiden-Prinzip. Logisch denken und formulieren.*** **Düsseldorf: Econ, 1993.**
In diesem Buch wird die im 5. Kapitel behandelte Pyramiden-Struktur zum übersichtlichen Aufbau von Hypothesen behandelt. Leider ist das Buch nur noch antiquarisch zu erwerben; das englische Original unter dem Titel ***The Pyramide Principle,*** **2001** ist jedoch problemlos zu bekommen, z.B. bei einschlägig bekannten Internet-Buchhandlungen.

Rico, Gabriele: ***Garantiert schreiben lernen. Sprachliche Kreativität methodisch entwickeln – ein Intensivkurs auf der Grundlage der modernen Gehirnforschung.*** **Reinbek: Rowohlt, 2004.**
Rico erläutert hier die im Kapitel 6 vorgestellte Methode des Clusterings, die hilft, Schreibblockaden zu überwinden. Der Leser hat Gelegenheit, das Clustering anhand vieler praktischer Übungen selbst zu erlernen.

Scheele, Paul R.: ***Photo Reading. Die neue Hochgeschwindigkeits-Lesemethode in der Praxis.*** **Paderborn: Junfermann, 2001.**
Anhand dieses Buches können Sie eine der bekannten Methoden des Schnelllesens erlernen.

Schlicksupp, Helmut: ***Innovation, Kreativität und Ideenfindung.*** **Würzburg: Vogel, 5. Aufl. 1999.**
In diesem Standardwerk finden Sie eine Reihe von vielfältig anwendbaren Kreativitätsmethoden, übersichtlich und verständlich dargestellt.

Thomas, Carmen: ***Vistem – der klare schnelle Weg zur Sache.*** **Weinheim / Basel: Beltz, 1996.**
Das ist eines der zahlreichen Bücher, die Carmen Thomas zur Erläuterung ihrer Methode Vistem, vorgestellt im 4. Kapitel, geschrieben hat.

Vester, Frederic: ***Die Kunst vernetzt zu denken. Ideen und Werkzeuge für einen neuen Umgang mit Komplexität.*** **Stuttgart: DVA, 7. Aufl. 2001.**
Frederic Vester ist der Erfinder des Papiercomputers, der im 5. Kapitel vorgestellt wird. In diesem Buch erläutert der Verfasser neben dem Papiercomputer auch andere Methoden zur Komplexitätsbewältigung.

Internet

www.etmgmbh.de
Hier können Sie alle Utensilien bestellen, die Sie für die Anfertigung von Vistem-Visualen (Kapitel 4) benötigen: Pits und Fonds in allen Farben und Größen sowie weitere Unterlagen und Literatur zum Thema Vistem.

www.lerntechnik.info
Auf dieser Seite finden Sie viele Hinweise und Links zu Kreativitäts-, Lern- und Schreibmethoden.

www.mindjet.com/de
Hier können Sie die Software MindManager für die Erstellung von Mindmaps (Kapitel 4) bestellen, sofern Sie die Methode häufig einsetzen und Ihre Mindmaps nicht mit der Hand, sondern lieber am PC zeichnen wollen.

www.mind-map.com
Dies ist die Homepage des Mindmap-Erfinders Tony Buzan mit vielen Infos rund um die Methode.

Verlagsprogramm 2004

eBook 14,80 € | Buch 21,80 €

Erfolg & Karriere

Sonja Klug
Konzepte ausarbeiten - schnell und effektiv
Tools für Pläne, Berichte und Präsentationen

Kerstin Meier
Kreativität in Team und Meeting
So wecken und fördern Sie die kreativen Potenziale Ihrer Mitarbeiter

Peter Arndt; Marzella Arndt
Bessere Geschäftsbeziehungen
Kontakte im Beruf richtig aufbauen und pflegen

Management

Dirk Osmetz; Andreas F. Philipp; Wolfgang Winter
Change Management
Die Macht, Unternehmen nachhaltig zu verändern

Georg Wübker
Professionelle Preisfindung
Wege aus der Ertragskrise

Jens Böcker; Katja Borsje; Christian Vollbrecht
Marktsegmentierung in der Praxis
Der Kunde im Fokus

Volker Spielvogel
Corporate Identity ganzheitlich gestalten
Der Weg zum unverwechselbaren Unternehmensprofil

Anne M. Schüller
Zukunftstrend Mitarbeiterloyalität
Endlich erfolgreich - durch loyale Mitarbeiter

Ralf Gabriel
Leitfaden für bessere Managemententscheidungen
Analyse und Strategie: Der Blick fürs Wesentliche im Unternehmen

Peter Hochreither
Fehlermanagement im Unternehmen
Wie aus Fehlern Umsatz und Gewinn werden

Vertrieb/Verkauf

Stéphane Etrillard
Erfolgreich verkaufen an anspruchsvolle Kunden
Premiumkunden und Best Ager begeistern

Detlev Musiol
Telefonmarketing
So machen Sie mehr Umsatz am Telefon

Tim Cole
Verkaufen für Techniker

eBook 14,80 € | Buch 21,80 €

Kundenbindung

Anne M. Schüller
Zukunftstrend Kundenloyalität
Endlich erfolgreich durch loyale Kunden

Prof. Dr. Heinrich Holland
CRM erfolgreich einsetzen
Warum Projekte scheitern und wie sie erfolgreich werden

Kolja Wehleit; Arno Bublitz
Kundenwert durch Kundenbindung in der Praxis
Mehr Ertrag pro Kunde durch analytische CRM

Sebastian Dierks; Dirk Ploss
Couponing in der Praxis
Ganz einfach mehr Umsatz

Klaus Erlbeck
Beschwerdemanagement
Wie aus unzufriedenen Kunden Stammkunden werden

Peter Kenzelmann
Zukunftstrend Empfehlungsmarketing
Die effektivste Methode der Neukundengewinnung

Werbung

Marius Dannenberg; Frank Wildschütz
Erfolgreiche Online-Werbung
Werbekampagnen planen, umsetzen, auswerten

Sybille Anspach
Plakatwerbung und Außenwerbung
Planung, Gestaltung, Wirkungsweise

Klaus-Jürgen Schäfer
Messemarketing
Neue Dynamik für Ihren Messeauftritt

Kolja Wehleit
Leitfaden Ambient Media
Basiswissen, Tipps und Fallstudien für erfolgreiches Marketing in jungen Zielgruppen

Direktmarketing

Markus Grutzeck
Telefonmarketing-Kampagnen
Konzipieren - ausschreiben - durchführen

Carsten Kraus
Adress- und Kundendatenbanken fürs Direktmarketing
Pflege, Nutzung

Detlef Krause
Kunden gewinnen mit Direktmarketing
Werbebriefe und Einladungen, die ankommen

Robert Biermann
Direktmarketing in Echtzeit
Richtig werben mit Google Adwords™ & Co.

Thomas Kaiser
Effizientes Suchmaschinen-Marketing
Erfolgreiches Direktmarketing mit Suchmaschinen- und Paid Placements

eBook 14,80 € | Buch 21,80 €

Zielgruppenmarketing

Elke Verheugen
Generation 40+ Marketing:
Best Ager Marketing
Geldverdienen mit der lukrativsten Zielgruppe Deutschlands
☐ ☐

Dr. Hanne Meyer-Hentschel
Seniorenmarketing
Generationsgerechte Entwicklung und Vermarktung von Produkten und Dienstleistungen
☐ ☐

Sascha Langner
Virales Marketing
Was Google, GMX und Napster erfolgreich macht
☐ ☐

PR/Kommunikation

Annemike Meyer
Professionelle Pressearbeit
Praxisleitfaden für Einsteiger
☐ ☐

Dirk Jasper
Online PR
Pressearbeit mit dem Internet
☐ ☐

Stefan Heijnk
Besser texten, mehr verkaufen auf Corporate Websites
Schreibtipps und Textdesign für Unternehmen im Internet
☐ ☐

Roland Bischof
Wie Profis Sponsoren gewinnen!
Basiswissen und Leitfaden für die Praxis
☐ ☐

Thomas Schmitz
Kundenzeitschriften
Mehrwert für Marken
☐ ☐

Branchentrends

Marco Brandt
Zahlungsabwicklung im eCommerce
Studie zu Optimierungsmöglichkeiten im ePayment
128,40 € ☐

Marius Dannenberg; Anja Ulrich
Marktübersicht Paymentsysteme für Paid Content
☐ 29,00 €

Thomas Lerner; Volker Frank
Best Practice Mobile Business
Ein globaler Vergleich nachahmenswerter Anwendungen
69,90 € ☐

Bücher

Dieter Herbst; Thomas Anders; Peter Olsson et al.
Der Mensch als Marke
Konzepte - Beispiele - Experteninterviews
39,00 € ☐

Thomas Schildhauer; Matthias Braun; Matthias Schultze
Corporate Knowledge
Durch e-Business das Unternehmenswissen bewahren
39,00 € ☐

Thomas Schildhauer; Martin Grothe, Matthias Braun; Matthias Schultze
Business Intelligence
Durch eBusiness Strategien und Prozesse verbessern
49,90 € ☐

Ralf G. Nemeczek
Fun Economy
made by inspired people
24,80 € ☐

Anne Koark
Insolvent und trotzdem erfolgreich!
16,90 € ☐

Thomas Schildhauer; Martin Grothe; Matthias Schulze; Matthias Braun
Bundle „Corporate Knowledge & Business Intelligence“
59,90 € ☐

Besuchen Sie uns im Web!

www.**Business**Village.de

Ich wünsche die versandkostenfreie Lieferung an folgende Anschrift:

Name ____ Vorname ____

Firma ____ Straße ____

PLZ Ort ____ eMail ____

Telefon ____ Unterschrift ____

FAX-Bestellung
+49 (551) 2099 100

Oder senden Sie Ihre Bestellung an: BusinessVillage GmbH, Bahnhofsallee 1b, 37081 Göttingen

BusinessVillage - Update your Knowledge!

Kreativität in Meeting und Team

So wecken und fördern Sie die kreativen Potenziale Ihrer Mitarbeiter

Kerstin Meier
Kreativität in Meeting und Team
So wecken und fördern Sie die kreativen Potenziale Ihrer Mitarbeiter
BusinessVillage 2004
53 Seiten, zahlr. Abb.

ISBN 3-934424-62-7

eBook EB-579: € 14,80

Buch PB-579: € 21,80

Unternehmen und Agenturen sind gerade in heutigen Zeiten immer stärker gezwungen, neue Ideen, neue Produkte, neue Lösungen für Problemstellungen zu liefern. Wer sich vom Markt absetzen will, muss flexibel und beweglich bleiben und seine Produkte in Zeiten des rasanten Wandels den Markt- und Kundenbedürfnissen anpassen. Im Alltagsstress fällt es den Mitarbeitern jedoch oft schwer, sich von der eigentlichen Aufgabe zu lösen und über neue Wege nachzudenken.

Doch strukturiert kreativ sein, kann Denk- und Handlungsbarrieren lösen und zu neuen Sichtweisen und Einsichten führen. Hier setzt der Praxisleitfaden an. Die Autorin stellt die brauchbarsten Kreativitätsmethoden einfach und verständlich da, gibt einen Überblick über das Thema Kreativität und über den sinnvollen Einsatz erprobter Kreativitätsmethoden.

FAX-Bestellung
+49 (551) 2099 105

Hiermit bestelle ich:

__ Exemplare eBook   __ Exemplare Buch

Firma   Name   Vorname

Straße   PLZ   Ort

eMail   Telefon   Unterschrift

Oder senden SIe Ihre Bestellung an: BusinessVillage GmbH, Bahnhofsallee 1b, 37081 Göttingen

Bessere Geschäftsbeziehungen

Kontakte im Beruf richtig aufbauen und pflegen

Peter Arndt, Marzella Arndt
Bessere Geschäfts-Beziehungen
Kontakte im Beruf richtig aufbauen und pflegen
BusinessVillage 2004
53 Seiten, zahlr. Abb.

ISBN 3-934424-77-5

eBook EB-591: € 14,80

Buch PB-591: € 21,80

Menschliche Beziehungen sind heutzutage das „A und O", um im Geschäfts- und Privatleben erfolgreich zu sein. Nur stabile Beziehungen garantieren auch stabile Erfolge. Doch zwischenmenschliche Beziehungen bauen sich nicht einfach von selbst auf. Mit Sympathie dem anderen gegenüber geht's natürlich einfacher. Doch gerade da wo die Sympathie aufhört, fängt professionelles Beziehungsmanagement an. Mit dem Sammeln von Kundendaten ist es nicht getan. Denn egal was Sie tun - Sie haben es immer mit Menschen zu tun. Und Beziehungen müssen gelebt werden!

Dieser Praxisleitfaden gibt einen Überblick über die Grundlagen des professionellen Beziehungsmanagements. Die Autoren liefern praxisnahe Empfehlungen, wie Beziehungen aufgebaut, gepflegt und gegebenenfalls auch beendet werden können. Ziel ist es, die Wirkung von professionellem Beziehungsmanagement besser zu verstehen und konkrete Wege aufzuzeigen, wie Sie im Berufs- und Privatleben erfolgreicher agieren können.

FAX-Bestellung
+49 (551) 2099 105

Hiermit bestelle ich:

__ Exemplare eBook __ Exemplare Buch

Firma ____ Name ____ Vorname ____

Straße ____ PLZ ____ Ort ____

eMail ____ Telefon ____ Unterschrift ____

Oder senden Sie Ihre Bestellung an: BusinessVillage GmbH, Bahnhofsallee 1b, 37081 Göttingen